ALPHONSE BERTILLON

LA

OMPARAISON DES ÉCRITURES

ET

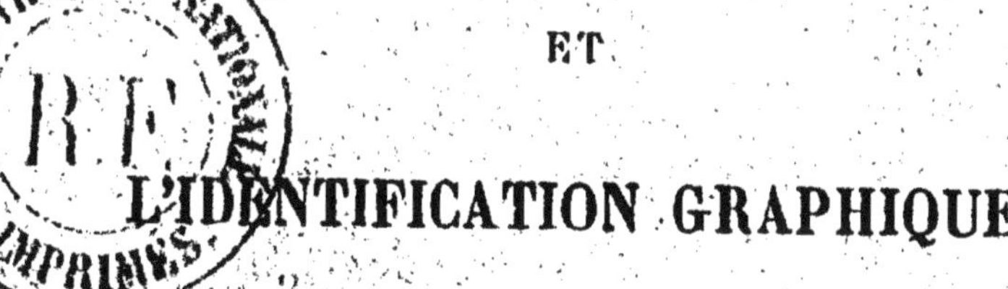

L'IDENTIFICATION GRAPHIQUE

PARIS

BUREAUX DE LA *REVUE SCIENTIFIQUE*

19, RUE DES SAINTS-PÈRES, 19

1898

LA COMPARAISON DES ÉCRITURES ET L'IDENTIFICATION GRAPHIQUE

EXTRAIT DE LA *REVUE SCIENTIFIQUE*

des 18 Décembre 1897 et 1er Janvier 1898.

ALPHONSE BERTILLON

LA COMPARAISON DES ÉCRITURES ET L'IDENTIFICATION GRAPHIQUE

PARIS

BUREAUX DE LA *REVUE SCIENTIFIQUE*

19, RUE DES SAINTS-PÈRES, 19

1898

LA COMPARAISON DES ÉCRITURES

ET L'IDENTIFICATION GRAPHIQUE

« Il ne faut ni trop négliger la preuve par comparaison d'écriture, ni s'y attacher trop servilement. C'est à la prudence des juges d'y ajouter telle foi que bon leur semble. » (*Traité sur la preuve par comparaison d'écriture*, par Vallain, écrivain-juré-expert; Paris, 1761, p. 24.)

« Écarter le doute légitime qui s'attache aux décisions des tribunaux, défendre les juges contre tout soupçon d'arbitraire en ne leur permettant de statuer qu'après avoir approfondi par des moyens déterminés les litiges qui leur sont soumis. Entourer de garanties la sincérité de la preuve pour affermir le principe de l'autorité de la chose jugée. » Tel est mon but. (Geoffroy, *Thèse de doctorat sur la preuve judiciaire;* Paris, 1891.)

Historique de l'expertise en écriture. Son état actuel. — Genre de connaissances spéciales qu'elle réclame. — Ses procédés techniques. — A quel genre de conclusion l'expertise en écriture peut-elle logiquement conduire?

Historique de la question. — De toutes nos administrations publiques la Préfecture de police est, de par la nature de ses attributions, celle qui est appelée le plus souvent à s'occuper d'écriture, à l'interpréter, à chercher à lire entre les lignes. Chargée de l'instruction initiale de tous les crimes et délits, elle est le confluent où finissent par aboutir les avis, menaces ou dénonciations qui circulent dans Paris, sans parler des billets anonymes ou signés de noms supposés qui lui sont adressés directement.

Les fonctionnaires de la police représentés par les commissaires, assistent et coopèrent aux enquêtes, interrogatoires, perquisitions que nécessitent toutes les poursuites en faux, chantages, menaces par écrit, etc. Par l'exercice même de sa profession, tout policier devient donc fatalement quelque peu connaisseur en écriture. C'est ainsi, pour ne citer qu'un exemple connu et sur lequel nous reviendrons, que l'identification du faux Rabardy, l'auteur des explosions de la rue Saint-Jacques et de la rue Saint-Martin, avec le cadavre mutilé de l'anarchiste Pauwels ramassé sous le porche de la Madeleine, au commencement de l'année 1894, a été démontrée péremptoirement par le service de l'identité judiciaire, au moyen de rapprochements d'écriture.

De tous temps il en a été ainsi.

Au siècle dernier, où la plupart des professions formaient des *maîtrises*, c'était le *lieutenant de police* qui nommait et présidait de droit l'Académie des *maîtres-experts-écrivains-jurés*. On n'y était reçu qu'après un examen de capacité et la confection d'un chef-d'œuvre de calligraphie ; car, à cette époque, on n'admettait pas qu'on pût être un bon *vérificateur d'écriture* sans être d'abord un *artiste écrivain*. Il y avait deux sortes de titres échelonnés, auquel on n'accédait que successivement, celui de *maître-écrivain-juré* et celui de *maître*-EXPERT-*écrivain-juré;* ce dernier établi « pour la vérification des écritures et signatures, comptes et calculs contestés en justice ».

Malgré ces garanties, les experts en écriture soulevaient alors le même ensemble de critiques qu'à notre époque. La concurrence et la jalousie professionnelles aidant, ils ne s'épargnaient pas entre eux. On trouve à la Bibliothèque nationale un curieux traité sur l'expertise en écriture, qui porte le millésime de 1656, mais qu'on croirait écrit d'hier à ouïr les doléances de l'auteur, un certain Raveneau, sur le peu de science de ses collègues (1). Cet acte de franchise ne lui porta pas bonheur. Bon gré, mal gré, il dut reconnaître à ses dépens qu'il avait exagéré leur incapacité; car, peu après cette publication, trop confiant en ses propres lumières, il confectionna à son profit un faux en écriture, fut arrêté, convaincu et périt misérablement dans les fers.

Naturellement les adversaires les plus ardents de la vérification étaient alors comme maintenant les avocats. Tous les arguments qu'on peut réunir contre l'expertise en écriture ont été exposés dès 1666 par un légiste renommé : Le Vayer de Boutigny. Son opuscule, composé à l'époque du célèbre procès de l'intendant Fouquet, eut un succès énorme et qui dura, puisqu'il fut réimprimé en 1704 et en 1727.

(1) Raveneau, *Traité des inscriptions en faux*, 1656. Sommaire de la table : 1° Imitation naturelle d'écriture; 2° imitation d'écriture par contretirement (ou décalquage); 3° pièce en écriture déguisée et produite pour ancienne, quoique nouvellement écrite; 4° fausses pièces de comparaison produites entre les parties et affaires diverses.

Nous aurons plusieurs fois l'occasion de revenir sur cet opuscule. C'est encore maintenant le traité le plus complet, le plus dogmatique, qui ait été imprimé sur la matière. Mais ce n'est pas le plus ancien; on trouve à la même bibliothèque : François Demelle : *Avis pour juger des inscriptions en faux* (Paris, 1609).

Trente ans plus tard, en 1756, les savants bénédictins s'appuient encore de son autorité dans un ouvrage intitulé les *Nouvelles diplomatiques.* La prétention de certains experts en écriture de vérifier, par le moyen de leurs seules et étroites connaissances, l'authenticité des chartes et de faire ainsi concurrence à la critique historique, a semblé de tous temps une monstruosité aux historiens de race. Il faut reconnaître d'ailleurs que les maîtres écrivains leur faisaient beau jeu. C'est ainsi qu'on racontait, entre autres anecdotes, que « la corporation des professeurs d'écriture des petites écoles ayant voulu, vers cette époque, prouver leur droit de coopérer à la vérification des écritures, s'avisèrent, pour appuyer leur requête, de produire un titre qui leur avait été prétendument concédé par le Roy Charles IX. Mais l'ignorant fabricateur, digne émule de Raveneau, n'avait pas pris la précaution de consulter les annales de la nation ; il data la pièce de douze années avant que ce prince montât sur le trône ; anachronisme grossier qui, en démasquant la turpitude des producteurs et la maladresse du faussaire, les débouta de leur orgueilleuse (?) prétention et les couvrit d'ignominie ».

Divers experts essayèrent de répondre à ces critiques trop souvent justifiées par des faits :

Robert Prud'homme (1639), de Bligny (1699), Vallain (1761), d'Autrèpe (1770) et Jumel vers 1790 (1).

(1) Là se borne, avec Raveneau et Demelle précédemment cités, toute la littérature moderne que nous avons pu réunir sur la matière. Dans notre siècle, je ne connais qu'un intéressant essai par Saintomer aîné (Paris, 1832, chez Gauthier-Villars), un opuscule par B.-A. Levêque (Agen, 1840), et une brochure (Paris, 1880), *Sur la méthode vicieuse des expertises en écriture,* par l'abbé Michon, fondateur de la graphologie ;

Il est impossible d'imaginer une lecture plus fastidieuse, plus remplie d'orgueil et dénuée d'arguments que ces plaidoyers. Leur style ridicule semble véritablement avoir inspiré le héros de Marcel Monier, le légendaire M. Prud'homme, professeur d'écriture, élève de MM. Brard et Saintomer.

Eux-mêmes semblent s'être rendus compte de la faiblesse de leur argumentation, puisqu'ils invoquent à chaque page le prétexte de ne pas révéler aux faussaires le secret de leurs profondes connaissances (2).

ce dernier, d'ailleurs, me paraît avoir employé en ses expertises exactement la même méthode qu'il critique chez les autres. Le seul changement apporté par lui a consisté à remplacer l'appellation descriptive d'un signe (*délié final rentrant*), par son affabulation graphologique (*manifestation d'un tempérament égoïste* [?]). Voici, de la part d'un ancien abbé, une façon bien conjecturale et certainement bien peu chrétienne, de faire servir l'occultisme à l'examen moral d'un inculpé devant la justice.

Complétons nos renseignements bibliographiques par la mention de quelques études sur l'écriture considérée à un point de vue général qui ont paru dans la *Revue Scientifique :* Vogt, « L'écriture sous le point de vue physiologique », 26 juin 1880 ; Javal, « Le mécanisme de l'écriture », 21 mai 1881. Puis enfin A. Binet, Études diverses très intéressantes publiées dans le *Bulletin de laboratoire de psychologie expérimentale*. Mentionnons enfin le seul ouvrage scientifique sur la matière : *Examination of documents*, by Frazer, États-Unis, 1894, manuel technique qui contient un certain nombre de remarques et de procédés nouveaux qui sont exclusivement du domaine des spécialistes. On y trouve notamment des applications tout à fait originales et nouvelles du microscope à la vérification d'écriture. Le service de l'identité judiciaire de la préfecture de police est le premier qui ait conçu et exécuté des installations de photo-micrographie aptes à rendre ce genre d'observation pratiquement réalisable.

(2) Le traité de L.-P. Vallain, écrivain-juré-expert, « sur la preuve par comparaison d'écriture pour servir de réponse au traité de M. le Vayer sur le même sujet », est le moins vide de

Le hasard m'ayant fait rencontrer, il y a quelques années, chez un bric-à-brac de la place des Vosges, le compte rendu manuscrit (visiblement recueilli par un calligraphe professionnel) d'un *Cours de vérification* professé en 1762 par d'Autrèpe, directeur de l'Académie des experts-jurés-écrivains, je saisis cette occasion inespérée de connaître quel était exactement le savoir technique des experts de cette époque, en acquérant ces trois cents pages non destinées à l'impression et qui ne devaient qu'à la perfection de leur écriture d'avoir échappé à la destruction.

Le point qui paraissait tenir le plus à cœur à la Société des experts d'alors était de bien établir que seul un bon maître écrivain était susceptible de faire de la bonne vérification : « Lui seul, ne se lassent-ils de répéter, est suffisamment familiarisé avec les différents effets de plume qui résultent des diverses combinaisons de position de main et de porte-plume, sans parler des diverses sortes de coupes de becs de plume. »

L'argument le plus original dans cet ordre d'idées,

tous ces opuscules. Nous lui avons emprunté l'exergue de cette étude.

J'en détache la dédicace à M. de Sartine, lieutenant-général de police qui serait encore d'actualité, à plus d'un titre : « Monsieur, vous avez bien voulu me permettre de décorer de votre nom ce petit traité. Ce sont des réflexions sur la comparaison d'écriture et elles ne pourraient que vous être offertes. Vous connaissez parfaitement la nécessité et les conséquences de cette preuve ; aussi, Monsieur, votre suffrage, si je suis assez heureux pour l'obtenir, me sera un sûr garant de celui du public... », etc. Et plus loin : « La vérification d'écriture est du ressort de l'état que j'ai embrassé, et je ne crois pas devoir refuser mon ministère à ce genre de réquisition, mais je me crois obligé d'assurer que je suis bien éloigné de rechercher ce genre de travail, » etc.

que j'extrais du cours d'Autrèpe, consiste à assimiler une classe de vingt jeunes élèves qui reproduisent un modèle d'écriture, à une vingtaine de jeunes faussaires qui s'efforceraient d'imiter avec la dernière application (autrement dit de forger) l'écriture de leur maître.

« Combien peu de ces élèves y réussissent, dit-il, et quel est le maître qui ne serait capable, rien qu'à la vue d'une seule ligne d'écriture de l'un de ses élèves, de mettre le nom du scripteur sur le cahier? » Et pourtant l'âge, l'entraînement, la position du corps, la méthode en un mot, ayant été pour tous identiques, ces différences si évidentes sont manifestement des minima dont l'origine doit être recherchée exclusivement dans les variétés individuelles de tempérament que les progrès de l'âge, la différence des professions, les états de santé et de maladie, etc., ne feront qu'augmenter dans la suite de l'existence.

De cet exemple, d'Autrèpe tirait cette conclusion que « les élèves vérificateurs ne devaient jamais perdre de vue, durant l'exercice de leur professorat, le ministère redoutable qu'ils seraient appelés un jour à remplir. »

En guise d'exercice, le syndicat conservait dans les archives de la corporation les faux les mieux réussis en vue de les soumettre à l'examen des candidats. Les rapports rédigés à cette occasion, et dont le manuscrit sus-mentionné nous a conservé quelques analyses, étaient, pour nous servir d'un mot à la mode d'aujourd'hui, des *tests* du savoir d'un chacun, en même temps que la preuve expérimentale des résultats auxquels l'expertise pouvait conduire.

La capitalisation d'expérience et de secrets professionnels qui se groupaient autour des anciennes maîtrises, n'a pas, je crois, d'exemple à la fois plus démonstratif, et moins connu que celui-là.

Remarquons en passant que le nombre des experts et vraisemblablement celui des faussaires, à en juger par celui des premiers, paraît avoir été beaucoup plus grand dans les siècles précédents que de nos jours, quoique les relations commerciales se soient accrues depuis dans une proportion incalculable. Il se pourrait que la rapidité infiniment plus grande des communications (chemin de fer, télégraphes et récemment téléphones) si elle a offert au début quelques trucs nouveaux bien vite éventés, eût finalement, en facilitant les moyens de contrôle, beaucoup plus nui qu'aidé à l'escroquerie au moyen de faux.

L'expertise en écriture à notre époque. — L'abolition en 1792 de la corporation des experts-écrivains jurés a eu cette conséquence inattendue d'amener progressivement l'exclusion des professeurs d'écriture des fonctions d'experts, au moins à Paris, la seule ville de France où la fonction puisse nourrir son homme.

Leurs titres, et la raison d'être de leur corporation que nous croyons avoir exposés avec impartialité, reposaient certes sur un fond de vérité. Néanmoins les magistrats, au courant de ce genre d'enquête, et qui ont eu l'occasion d'apprécier le savoir-faire des professeurs d'écriture encore appelés de nos jours comme experts dans les départements, ne paraissent nullement regretter l'élimination dont ces derniers ont été l'objet à Paris.

Sous le régime actuel, les experts en écriture, au nombre de cinq pour le tribunal de la Seine, sont inscrits au tableau par les soins du premier président, comme tous les autres experts (et ils sont nombreux) auxquels la justice a recours. Mais cette liste n'est établie qu'à titre d'indication, et un juge d'instruction reste toujours libre, sous sa responsabilité morale, de requérir telle autre individualité.

Ces experts, se distinguent de leurs collègues des autres catégories par la variété de leur origine professionnelle. On y remarque d'abord un ancien commis de banque en retraite, à la fois chimiste distingué, M. Gobert; un ancien universitaire retraité, M. Belhomme; un calligraphe remarquable, fonctionnaire du ministère des beaux-arts, M. Pelletier, et enfin, le dernier nommé, un ingénieux adepte de la graphologie, M. Varinard, qui a remplacé un artiste graveur, d'une sûreté de main et de coup d'œil remarquables, lequel est en même temps un ancien fonctionnaire retraité de l'administration des ponts et chaussées : j'ai nommé M. Teysonnière, récemment promu aux fonctions d'expert près la cour d'appel; sans parler de M. Charavay, l'archiviste paléographe bien connu, et commerçant en autographes de père en fils, que ses capacités personnelles et professionnelles désignaient suffisamment.

C'est d'ailleurs une erreur de s'imaginer, comme on paraît disposé à le croire dans le public, que ces experts ont une tendance professionnelle à dire *oui* toujours et partout.

Quoiqu'ils ne soient consultés d'habitude que dans les cas où la vraisemblance apparaît grande, je ne crains pas d'avancer qu'il n'y a pas un seul expert dont les conclusions négatives ne dépassent grandement en nombre les affirmatives; chiffre en main, il leur serait facile d'établir qu'il leur est arrivé bien plus souvent de dissiper des soupçons iniques faussement échafaudés sur de lointaines analogies graphiques que de confirmer de justes préventions, sans parler des cas où la crainte de compromettre leur repos dans des affaires scabreuses où tout était à perdre et rien à gagner a pu intervenir pour annihiler quelque conviction naissante.

Quand on interroge nos criminalistes qui font autorité sur la façon dont les expertises sont conduites habituellement en France, ou ils évitent de répondre, ou ils se réfugient en quelques généralités: « Si vous saviez, répondent-ils, comme c'est matière peu importante, et le peu de croyance que nous avons dans la prétendue science des experts en écriture. » Ce scepticisme ne les empêche pas d'ailleurs, sur les injonctions de la loi, de prendre et de suivre l'avis de ceux qu'ils nomment et qualifient *experts*.

Du côté du barreau, ce peu de croyance devient du nihilisme, et il n'y a pas de plaisanteries et de légendes que l'on ne débite au Palais sur le compte des experts en écriture qui, à en croire les avocats d'assises, en connaîtraient sur leur spécialité moins que le premier venu.

Ajoutons d'ailleurs qu'à l'exception de l'aide toute récente que lui ont apportée la photographie et surtout le microscope, l'art de l'expert-écrivain ne semble pas avoir fait un pas, un seul pas, depuis Raveneau, l'expert-faussaire du temps de Louis XIV.

Rien d'étonnant, en conséquence, si l'opinion publique, si portée cependant à s'en laisser imposer par les spécialistes de tout genre, partage l'incrédulité graphique consacrée par les siècles.

Et pourtant la comparaison d'écriture, considérée comme un des éléments de la *preuve par écrit* (la première des preuves d'après le Code), ne saurait être systématiquement rejetée.

La vérité c'est que toute espèce de preuve prête à erreur et que la valeur d'une preuve ne saurait être déterminée d'avance intrinsèquement, mais dépend avant tout des circonstances. La qualité peut suppléer au nombre et inversement.

Ainsi aux yeux du public, il n'y a pas de preuve qui semble plus décisive que la *reconnaissance personnelle de l'individualité*. Et pourtant on ne compte plus en justice les erreurs des témoins qui, de très bonne foi, se sont imaginé reconnaître et bien reconnaître des personnes « qui étaient à cent lieues de là ». L'intéressant recueil de MM. Lallier et Vonoven sur *les erreurs judiciaires* contient sur ce sujet un défilé bien instructif. Eh bien, ce recueil, qui, certes, doit être complet, ne mentionne qu'une seule *erreur judiciaire* au criminel, imputable aux experts en écriture, auxquels les auteurs consacrent pourtant presque tout un chapitre.

Par contre, on y trouve à côté d'anecdotes légendaires et de quelques erreurs d'expertise commises avant jugement, des affaires, comme celle de Game, où une comparaison d'écriture, si elle avait été ordonnée, aurait pu, en infirmant cinq faux témoignages, empêcher une erreur judiciaire formelle.

M. Lacassagne avait déjà démontré, au moyen de nombreux exemples, que si la médecine légale et particulièrement la *nécropsie* ont occasionné quelques rares et lamentables erreurs, on ne saurait énumérer tous les cas où par la découverte de la cause palpable de la mort, elle a réduit à néant d'injustes et terribles accusations.

C'est que la vérité, une et indivisible, ne doit être considérée comme établie que si elle englobe l'ensemble de tous les faits connus et *connaissables*. Supposons une affaire criminelle où l'accusation s'appuierait sur un manuscrit non expertisé, on pourrait être assuré que la défense réclamerait cette formalité en s'appuyant sur l'affaire Game.

En résumé, l'expertise en écriture est une arme décisive entre les mains de la défense où la présomption d'innocence entraîne de droit l'acquittement, *tandis qu'entre les mains de l'accusation* où la certitude seule doit entrer en jeu, *elle ne constitue qu'une précaution indispensable*, une de ces nombreuses vérifications auxquelles toute thèse doit être soumise avant de voir le jour.

Au fond, magistrats comme avocats, qui ont recours aux *experts en écriture*, s'accordent à ne leur reconnaître, pour ainsi dire, aucune connaissance spéciale. Ils estiment qu'ils pourraient tout aussi bien qu'eux se livrer à leurs longues et minutieuses comparaisons, lettres par lettres, jambages par jambages, si les soins de l'affaire leur laissaient le loisir et l'indépendance d'esprit indispensables.

Les magistrats ajoutent que les experts ne se décident pour l'affirmative que lorsqu'il y a certitude manifeste, criante, et qu'autrement ils ne résistent pas à la tendance bien humaine de s'esquiver. Nous croyons cette façon de voir bien près de la vérité.

L'expert en écriture ne dispose pas d'un flair spécial. Cinq minutes d'examen de sa part, loin de son laboratoire et de son matériel d'observation, ne produisent guère plus que cinq minutes de la part d'une personne non experte de profession, mais ayant quelque pratique banale.

La supériorité du professionnel ne se manifeste que par la plus grande somme de temps qu'il est apte à passer sur le même manuscrit. Tandis qu'un non professionnel, après un examen d'un quart d'heure sur dix lignes d'écriture, aura presque invinciblement une opinion, soit positive, soit négative, et en tous cas se déclarera à bout de force et de patience, l'expert est capable d'y passer, en travail sérieux, vingt à trente séances de deux heures chacune... pour aboutir à une opinion conditionnelle.

C'est que chaque affaire nouvelle lui remémore toute la somme d'expérience et d'observations que les affaires précédentes lui ont inspirées. C'est que son savoir consiste avant tout en précautions à observer contre les erreurs possibles; c'est que son expérience, c'est la connaissance des trucs employés par les faussaires, c'est la pratique des mille apparences captieuses qui peuvent l'induire en erreur, etc.

Les experts en écriture n'en savent donc plus long que sur un point, c'est qu'il faut se méfier; c'est là l'opinion réelle que l'on acquiert en les pratiquant.

Ainsi le savoir et l'expérience professionnels de l'expert consiste à savoir avant tout qu'il ne sait rien ou plutôt pas grand'chose, soit dit en bonne part; sa supériorité, son utilité vraies résident en cette connaissance qu'il a de lui et de ses capacités.

Si cette façon de voir n'a pas été proclamée par eux-mêmes depuis longtemps, c'est qu'à côté de l'amour de la vérité à laquelle tout honnête homme est prêt à faire quelque sacrifice, il y a le souci de l'intérêt personnel, le soin de la clientèle, la rivalité professionnelle qui inconsciemment pousse chacun à hausser son mérite.

Aussi bien, s'il n'y a pa e sujet d'étude plus rebutant que l'expertise en écriture, il n'y en a pas non plus qui soit plus ingrat. Il n'est pas rare de rencontrer de très bons esprits dont le siège sur cette matière paraît définitivement fait et qui n'admettent pas qu'on puisse, je ne dis pas y faire une découverte rénovatrice (espérance qu'on ne saurait raisonnablement inscrire *à priori* dans un programme), mais essayer seulement d'y mettre de l'ordre, de sérier les questions et les solutions. Et pourtant, plus longtemps une branche d'étude a été délaissée, plus elle a chance d'offrir, à celui qui l'aborde sans parti pris, une application quelconque des méthodes scientifiques contemporaines qui ont transformé si radicalement notre vie intellectuelle et matérielle.

Ainsi, depuis la dispersion de la corporation des écrivains-experts-jurés, on ne saurait trouver en France ni un système scientifique d'expertise graphique que l'on puisse s'assimiler par l'étude, ni même un ensemble de traditions orales (les Charavay exceptés). Chaque expert, quelque distingué qu'on le suppose, emporte jalousement avec lui le secret de ses expériences et de ses déboires personnels.

Il n'en a pas été de même à l'étranger. A la préfecture de police de Saint-Pétersbourg, pour ne citer qu'un exemple ami, M. A. de Malevinsky, à la fois fonctionnaire impérial et photo-chimiste, est officiellement chargé depuis plusieurs années de centraliser et au besoin de mettre en pratique ce genre de connaissances.

Pour les affaires qui intéressent la sûreté de l'État, nos pouvoirs publics étaient donc moins bien outillés sur ce point spécial, non seulement que nos voisins actuels, mais même que l'ancien régime.

C'est ainsi, par la force des choses, combinée de

ce fait qu'il disposait d'une installation photographique très complète, que peu à peu le service de l'identité judiciaire (*vulgo* l'anthropométrie) s'est trouvé amené à faire, puis à interpréter les photographies des manuscrits, préparées en vue d'expertise en écriture (1).

Principes théoriques et désidérata de cet art. — Ce sont en effet les mêmes idées générales et les mêmes principes qui semblent présider à l'établissement de l'identité individuelle, que l'on prenne pour base de comparaison le signalement ou l'écriture. A première vue, ces deux genres d'opération paraissent aboutir à la *recherche et à la comparaison des caractères qui présentent à la fois le plus de variabilité d'un individu à un autre et le plus de fixité chez le même individu.* Il est évident qu'il serait à désirer que toute

(1) En ce qui me concerne personnellement, les hasards de ma vie antérieure m'avaient assez bien préparé à ces travaux qui sont venus s'ajouter, bien malgré moi, à mes attributions électives, en tant que fonctionnaire. Après avoir fait un an de chimie médicale moitié à Paris, moitié à Clermont-Ferrand, la loi militaire de l'époque me contraignit à passer plusieurs années dans un corps d'armée où je fus employé, pour la plus grande part, comme ouvrier imprimeur, et autographiste. La ronde, la bâtarde, l'anglaise poncive, la sténographie, le décalquage et les reports n'eurent plus de secrets pour moi, à cette époque déjà lointaine. [Libéré du service militaire, j'entrai à vingt-sept ans à la préfecture de police, où, pendant près de deux ans, mes chefs ne trouvèrent pas pour moi d'occupation plus utile que de me consacrer à recopier les rapports et missives autographes des agents secrets d'alors, fonctions qui étaient d'ailleurs considérées avec raison comme un poste de confiance absolue.

Ayant finalement inventé *le signalement anthropométrique* et réussi à le faire adopter administrativement, la photographie judiciaire ne tarda pas à m'être confiée, et pendant plus de dix ans je vis défiler sous mes yeux tous les documents judiciaires et autres dont l'authenticité ou l'importance politique pouvaient donner matière à discussion, etc.

enquête graphique reposât sur des observations suffisantes en nombre et qualité pour calculer les éléments de cette fixité et de cette variabilité graphiques, d'après la même méthode que celle qui a été suivie avec tant de succès, il y a quinze ans, pour le choix des mesures à adopter dans le signalement anthropométrique.

L'expertise judiciaire en écriture ne sera réellement constituée en science que du jour où il aura été dressé des tables de probabilité pour les divers tracés de lettres examinées séparément et dans leur ensemble.

En résumé, il faudrait (*l'hypothèse de faux mise à part*) qu'un expert eût, préparés d'avance, tous les éléments nécessaires pour lui permettre de présenter ses conclusions en une formule de ce genre : « Cette écriture, caractérisée par l'ensemble de telles et telles particularités que nous venons d'énumérer, n'a chance d'être rencontrée qu'une fois sur cent ou sur mille, ou dix mille, ou un million de sujets de cette même catégorie sociale. »

Une pareille enquête ne devrait pas être limitée aux seuls détails morphologiques de chaque lettre, mais s'étendre à l'aspect général de l'écriture, en prenant pour base la réalité de faits, c'est-à-dire l'observation, et non l'idéal esthétique des modèles d'écriture. C'est ainsi qu'il faudrait savoir quelle est, mesurée en degrés, l'inclinaison moyenne des lettres avec une boucle (ou jambage) comme *l*, *f*, *g*, *p*, *d*, *ch*, et des lettres sans boucle comme *i*, *a*, *e*, etc. ; quelle est la hauteur moyenne des lettres à boucle ou à jambage : 1° en nombre absolu (millimètres et dixièmes de millimètre), et 2° par rapport aux lettres sans boucle, c'est-à-dire en prenant ces dernières comme unité de mesure, etc. (1). Il faudrait pouvoir apprécier d'une façon exacte, et même traduire en expression chiffrée l'opposition des pleins et des déliés, l'alignement des lettres par rapport les unes aux autres, dans un même mot, par rapport à la ligne, etc., et enfin la corrélation de ces différents caractères entre eux; autrement dit, jusqu'à quel point telle forme de lettre a-t-elle une tendance à entraîner telle autre forme ou tel autre caractère?

Aucun point n'est plus important à étudier pour l'expert que ces corrélations. M. Jules Héricourt (2) a ouvert sur ces questions des aperçus philosophiques qui semblent déceler bien des applications pratiques, en classant les écritures en *sinistrogyres* et *dextrogyres*. La plume des dextrogyres marche toujours entraînée vers la droite; le schéma de leur écriture pourrait être représenté par une série d'*i* indéfiniment liés entre eux, en ce qui regarde les lettres basses et par une série d'*s* longs allemands, c'est-à-dire sans boucle, également liés en ce qui regarde les lettres à boucle. Fait-il une boucle, elle sera confectionnée et tournée dans le sens des aiguilles d'une montre.

La plume des sinistrogyres dans son mouvement général est également entraînée vers la droite, cela va de soi, mais elle ne chemine qu'en *évoluant* continuellement sur elle-même vers la gauche : on pourrait la comparer à une bille de billard qui progres-

(1) Ces différents points de vue peuvent être déterminés rapidement, de la façon la plus précise, en amenant uniformément les *écrits* soumis à l'expertise à prendre une hauteur de 1 centimètre (hampes et queues non comprises) au moyen d'un agrandissement photographique approprié.

(2) *Bulletin de la Société de psychologie-physiologie*, Paris, 1887.

serait momentanément en produisant un *effet* contraire au sens de sa rotation. Le schéma de cette écriture est une série d'*e* indéfiniment liés entre eux, en ce qui regarde les lettres basses et une série d'*s* longs à la française en ce qui regarde les lettres à boucle.

Remarquez que pour les lettres basses le schéma des sinistrogyres est exactement l'inverse de celui des dextrogyres et qu'il suffit de retourner le papier sur lequel vous aurez tracé une série d'*e* reliés entre eux pour obtenir le tracé schématique des dextrogyres, savoir l'*m* imbriqué à boucle inférieure tournant dans le sens des aiguilles d'une montre.

C'est l'étude approfondie de la corrélation des caractères entre eux qui fournit la clef des déguisements ou altérations graphiques, apportés volontairement à l'écriture et qui pourrait également servir, quoique à un moindre degré, à dévoiler l'écriture imitée, c'est-à-dire la pièce forgée.

Toutes les questions qui se rattachent à l'écriture ont été, dans ces vingt dernières années, l'objet, de la part des *graphologues*, de remarques aussi ingénieuses qu'aventureuses, en vue d'établir des relations entre le caractère du scripteur et son écriture. Il y a là toute une mine de documents graphiques à explorer et à ordonner en mettant de côté autant que possible la partie divinatoire pour ne s'attacher qu'aux observations mêmes et à la terminologie souvent assez réussie.

L'avenir démêlera la petite part de vérité mystérieuse qu'il peut y avoir au fond de la graphologie. Le laboratoire graphique de la préfecture de police semble bien placé pour tracer sur ces questions la ligne de démarcation entre la fantaisie et la vérité. Ce ne sont ni les documents graphiques ni les faits moraux concomitants qui lui manqueront. Les fameux dossiers judiciaires doivent être riches en autographes juxtaposés de *dupeur* et de *dupé*.

En attendant cette consécration officielle, la graphologie semble devoir remplacer auprès des gens du monde, la phrénologie qui avait, il y a cinquante ans, séduit tant de personnes.

Pour beaucoup cette nouvelle branche de l'occultisme joue le rôle d'un jeu de société, petite bonne aventure, qui, en faisant semblant de prendre pour base l'écriture, mais en s'appuyant en réalité, plus ou moins inconsciemment, sur le fond (ange et démon) commun à toute l'humanité, permet de dire en termes voilés bien des choses intimes que chacun s'applique et croit avoir réussi à dissimuler. Un peu de perspicacité naturelle aidant, et le graphologue finit par croire à sa prétendue science : *l'esprit est une fois de plus la dupe du cœur*. Mais toutes les sciences ont commencé par la magie, la chimie par l'alchimie, l'astronomie par l'astrologie, la phrénologie a conduit à la craniométrie qui a conduit elle-même à l'anthropométrie judiciaire. Le vocabulaire du signalement descriptif en usage dans tous les services de la police judiciaire, a emprunté quelques-uns de ses termes aux nombreux ouvrages de physiognomonie qui se sont succédé depuis Lavater jusqu'à Duchenne de Boulogne. Rien d'étonnant à ce que la graphologie, fondée par un abbé, feu M. Michon, ne suive la même évolution et ne contribue en fin de compte à l'identification graphique.

Il importe d'autant plus de tenir compte de l'opinion publique en fait d'écriture, que c'est avec raison qu'en ces matières tout le monde se croit quelque compétence. Qu'est-ce qui n'est pas capable, par exemple, au premier coup d'œil jeté sur une enveloppe de lettre, de reconnaître l'écriture d'un des siens? Inversement, chacun de nous a remarqué que sa propre écriture était susceptible de changer plusieurs fois par jour, sous des influences multiples, au point de lui sembler méconnaissable. Il ne s'agit là d'ailleurs que d'une illusion, les éléments constitutifs des lettres restant les mêmes. La preuve en est que cette même écriture que le scripteur croit si altérée par la fatigue, l'émotion, etc., sera identifiée par son correspondant habituel sans plus de difficulté.

Mais essayez la contre-partie. Choisissez au hasard deux lignes de votre propre écriture, écrites au courant de la plume, hier, avant-hier, ou il y a un mois, et appliquez-vous à les récrire en imitant *très exactement* le tracé graphique antérieur, autrement dit à en faire *un fac-similé* par dessin (et non par décalque). Vous serez stupéfait de la maladresse de votre imitation qui portera tous les caractères de la pièce forgée : *hésitation*, *tremblement*, *déviation*, etc. Recommencez, reprenez-vous-y trois ou quatre fois, le résultat ne sera pas meilleur.

Ainsi un faux par *imitation naturelle* d'écriture (c'est-à-dire sans avoir recours au *décalquage*) est tellement difficile, tellement impossible même à effectuer correctement, que chacun de nous est incapable d'imiter sa propre écriture et de reproduire exactement ce qu'il a tracé la veille. Pratiquement, cela tient à ce fait que pendant que le scripteur regarde le modèle à reproduire, le bec de sa plume *ou bien* suit un trajet faux, *ou bien* s'arrête et vacille. Le décalquage, grâce au tracé sous-jacent, permet de surveiller conjointement et le modèle et le mouvement de la plume. C'est le seul moyen pratique pour imiter un texte de quelque longueur. C'est celui qui, ingénieusement perfectionné, a assuré le succès momentané du faux testament de feu M. de La Boussinière (dont nous reparlerons plus loin en détail).

Comment lorsqu'on n'est pas mis en garde par les données même de l'affaire, éviter les traquenards d'une pièce ainsi confectionnée par imitation naturelle de sa propre écriture. Un manuscrit de ce genre, suivant les points de vue auxquels se placeront successivement la défense et l'accusateur sera susceptible, avec équivalence de motifs, d'être considéré comme étant tantôt d'une écriture authentique, et tantôt d'une écriture déguisée ou forgée. L'appellation qui lui conviendrait en réalité serait celle d'écriture *auto-forgée* qui pourrait être mise en parallèle avec l'écriture fausse ou *hétéro-forgée*.

Il faudrait aussi faire entrer dans le plan de recherche que nous venons d'esquisser, la pédagogie en ce qui concerne les diverses méthodes d'enseigner l'écriture : détermination exacte de l'influence de la position du corps, de la main, des doigts et de la plume sur l'écriture ; étude particulière de la *ronde*, *bâtarde*, *anglaise*, *coulée*, etc. ; collection aussi complète que possible des différents modèles d'écriture (ou cahiers) en usage dans les principaux pays d'Europe et d'Amérique, etc.

Remarquons à ce sujet que les cahiers d'écriture des différents peuples qu'il nous a été donné de réunir, sont tous conçus *à notre époque*, suivant la même esthétique. Il semblerait même que ce soit à l'insuffisance pédagogique de ces méthodes que seraient dues, avant toute autre cause, les variations individuelles caractéristiques de l'écriture. Par une absurdité générale, les lithographes qui ont composé ces modèles d'écriture semblent s'être donné comme idéal de dissimuler aux yeux des élèves la marche suivie par le bec de la plume, tandis qu'en bonne logique ils auraient dû faire l'inverse ; c'est-à-dire indiquer bien nettement la manière la plus rapide, qui n'est pas nécessairement la plus courte ni *à fortiori* la plus élégante, pour tracer une lettre, et le meilleur chemin à suivre pour passer ensuite à la lettre suivante.

Regardez, par exemple, les lettres à panse, comme *a, g, d;* les modèles d'écriture de tous les pays du monde enseignent à les tracer au moyen d'une espèce d'*o* d'un ovale parfait, agglutiné à un jambage ou hampe (court, élevé ou bouclé suivant la lettre envisagée). Or ce jambage n'est généralement rattaché au corps ovalaire de la lettre par aucun *délié de transition* qui puisse révéler la marche suivie par le bec de la plume. Pour exécuter ces merveilles de calligraphie, il faudrait donc une ou deux *levées* de plume par lettre, sans parler du délié généralement impraticable qui relie le corps de la lettre à la suivante. Allez donc suivre une dictée ou prendre des notes rapides en observant ces principes graphiques. Ce serait tout simplement impossible. Rien d'étonnant à ce que chacun de nous, mis en présence de la nécessité inéluctable d'aller vite, n'ait résolu instinctivement le problème de la manière la plus conforme à sa nature intime. De là la variété infinie des solutions, suivant le tempérament, la catégorie sociale et la profession de l'écrivain. Les nerveux (?), certains arthritiques peut-être, supprimeront tout trait de liaison entre les lettres et aboutiront à une écriture hachée, tandis que d'autres, qui accorderont leur préférence à l'écriture liée, remplaceront l'ovale parfait des lettres pansues par un tracé intérieur dérivé d'un *e* ou d'un *c* agglutiné à un *i*, etc.

Peut-être arriverait-on à améliorer l'écriture des futures générations en substituant à l'idéal bêtement correct et irréalisable de nos calligraphes un genre d'écriture moins élégant, mais d'un tracé aussi abrégé que possible et néanmoins lisible pour tout le monde. Ce ne serait pas la première fois que les Français auraient changé leur façon d'écrire. En tous cas, ce résultat semble pouvoir être atteint plus aisément que l'extension et l'uniformisation des méthodes de sténographie (1).

Ajoutons, pour être complet, que l'explication de bien des particularités individuelles de l'écriture doit être recherchée également dans la mode et l'esprit d'imitation qui poussent les jeunes gens aux environs de l'adolescence à introduire dans leur graphisme telle ou telle fantaisie qui les a séduits chez des maîtres ou des camarades.

Une observation curieuse dans cet ordre de faits est la facilité inconsciente avec laquelle un scripteur reproduit les formes graphiques sur lesquelles son attention a été attirée vivement, d'une façon ou d'une autre. Ainsi toutes les personnes qui ont fait des expertises en écriture ont pu remarquer que,

(1) Ces lignes étaient déjà écrites depuis longtemps lorsque j'ai eu connaissance de l'article de M. Javal paru ici même en 1881, et déjà mentionné. On y retrouve l'expression des mêmes vœux appuyée de considérations en partie analogues, et en partie médicales, exposées avec plus de compétence et d'étendue que je ne pourrais en apporter.

durant cette période d'observations réitérées, il leur arrivait fréquemment de reproduire elles-mêmes involontairement au courant de la plume, telle forme graphique qu'elles avaient la veille, déclarée être absolument caractéristique chez le sujet dont elles venaient de s'occuper. Les choses se passent comme si la plume du scripteur ne faisait que repasser les dessins emmagasinés dans le cerveau et projetés inconsciemment sur le papier par l'œil même qui les a recueillis précédemment. Cette remarque, que j'avais eu l'occasion de faire sur moi-même il y a longtemps, m'a été tout dernièrement représentée spontanément par un expert-écrivain du tribunal.

Les rapports de l'écriture avec la pathologie, la physiologie, l'ophtalmologie, la médecine mentale et même la paléographie offriraient aussi un vaste champ à controverses savantes.

A côté de cette véritable encyclopédie de connaissances, l'expert en écriture doit être passé maître en articles de papeterie ; connaître et pouvoir distinguer les matières qui servent à fabriquer le papier, à l'encoller, à le régler.

Les diverses sortes d'encre, de crayon, de plumes, devront lui être aussi familières que les multiples manières d'effacer, de gratter ou de décolorer. Autant dire qu'il ne devrait pas y avoir d'expert en écriture sans connaissances chimiques.

Mais en même temps et avant toute chose, l'expert en écriture doit être policier, c'est-à-dire connaître les malfaiteurs, leurs pensées et leurs ruses. Ces derniers étant d'une fréquentation aussi difficile que scabreuse (qu'ils soient en liberté ou en prison), force est bien de se rabattre sur la littérature criminelle.

Aussi M. Lépine nous semble-t-il avoir été des mieux inspiré quand il a prescrit au service de l'identité judiciaire de mettre à profit les périodes d'accalmie que les criminels laissent toujours de temps à autre à la police, pour demander progressivement aux greffes des différentes cours d'assises la communication des dossiers des principales affaires en falsification d'écriture qui ont été jugées en France depuis vingt-cinq ans. Les pièces forgées devront être reproduites photographiquement et une notice sommaire de l'affaire accompagnera quand il y aura lieu, un extrait du rapport des experts.

On arrivera ainsi à constituer à la préfecture de police de véritables archives graphiques et judiciaires qui permettront de recueillir l'expérience combinée des experts et des plus habiles faussaires de notre époque, tout en assurant la survivance des méthodes d'investigation. L'intérêt de cette vaste collection résidera surtout dans les fac-similés des pièces fausses que la photographie permet d'obtenir avec une exactitude absolue.

Facilités diverses apportées par la photographie à la comparaison des écritures. — Comme nous le disions plus haut, les seuls progrès réalisés par l'expertise graphique depuis Raveneau sont dus à des applications photographiques et photo-micrographiques. C'est également par la facilité que lui fournit son laboratoire de photographie pour agrandir et multiplier les épreuves en aussi grand nombre que nécessaire qu'il faut expliquer comment et pourquoi le service de l'identité judiciaire a été amené à faire de l'expertise en écriture.

La méthode d'identification graphique suivie jusqu'à ce jour à la préfecture de police, en admettant qu'on puisse la qualifier de méthode, consiste principalement à multiplier les points de comparaison en les rendant à la fois plus aisément comparables, plus rigoureux et moins personnels. Voici, aussi complet que possible, l'exposé des moyens matériels mis en œuvre.

Supposons, pour fixer les idées par un exemple, que le service de l'identité judiciaire ait à rechercher et à rapprocher les analogies graphiques qui tendraient à prouver que telle lettre anonyme de menaces ait été écrite par telle ou telle individualité *déjà désignée par quelques autres présomptions.*

La première chose à faire sera de se procurer des spécimens authentiques de l'écriture des sujets soupçonnés. C'est de la façon dont sera dirigé le choix de ces documents que dépendra en grande partie le succès de l'enquête (en admettant une des pistes bonne, bien entendu). On doit poser en premier principe qu'il faut tenir un compte égal de tous les documents, sans exception, que l'autorité judiciaire ou administrative aura réussi à se procurer. Ainsi jamais une perquisition ou une saisie domiciliaire ne sera poussée trop à fond.

Autant que possible l'expert devra assister en personne à la perquisition, car lui seul est familiarisé avec les mille détails matériels dont il importe de rechercher les traces et dont nous reparlerons plus loin. En tous cas, il devra être renseigné exactement sur les circonstances qui auront accompagné la perquisition et notamment sur les lieux où auront été trouvées les pièces saisies et, si possible, les dates où elles auraient été écrites. Car, comme le faisait remarquer dès 1650 l'expert Raveneau (pages 27 et suivantes), le faussaire prévoit souvent longtemps d'avance *qu'un jour viendra où son faux sera reconnu et où il sera nécessairement soupçonné et perquisitionné.* Aussi de nos jours, comme du temps de Louis XIV, il faut penser aux faussaires qui, en vue de la perquisition attendue, disposent chez eux bien en apparence (ou chez un complice qui, par un artifice ingénieux, saura y attirer la justice), quelques pièces de comparaison machinées en vue d'égarer et de faire divaguer l'expertise. Telle cette vieille femme, citée par Raveneau qui, satisfaite de la perfection avec laquelle elle avait calqué une signature, s'était arrangée pour qu'on retrouvât chez elle la pièce même qui lui avait servi de modèle et qu'elle considérait comme sa sauvegarde.

Le cerveau dont, au point de vue anatomique, pas une fibre n'a changé depuis Aristote jusqu'à nos jours, aboutit fatalement aux mêmes combinaisons que l'ignorance seule des précédents lui fait croire nouvelles : oui, *nouvelles* pour ce cerveau qui les conçoit en effet pour la première fois, mais anciennes, bien anciennes pour le policier, commerçant, dramaturge, historien, etc., qui, chacun dans sa sphère spéciale, voient partout et toujours les mêmes trucs réussir auprès de l'homme en tant qu'individu (c'est-à-dire agissant seul d'après ses propres suggestions), du moment que les circonstances sont les mêmes.

« Les mêmes causes, dans les mêmes conditions, produisent les mêmes effets. » On retrouve cette loi de causalité à la base de toutes les connaissances humaines. Ce qu'on appelle la malice du policier n'est que de l'expérience professionnelle qui, comme toute autre connaissance, peut être hâtée et développée par l'étude et le savoir.

Voici donc le service de l'identité judiciaire en possession de ou des documents anonymes et de toutes les pièces de comparaison y relatives. La marche des opérations analytiques qui vont suivre est minutieusement réglée, à un point de vue général, c'est-à-dire en supposant que des circonstances particulières ne permettent pas d'en éliminer quelques-unes ou n'en nécessitent quelques autres supplémentaires.

Les deux ordres de documents (authentiques et anonymes) sont d'abord photographiés par contact ou décalque, c'est-à-dire sans l'aide d'un objectif. Rien de plus simple que cette opération. Le document à reproduire, préalablement étendu et aplati contre une plaque sèche au gélatino-bromure, est exposé ainsi pendant quelques secondes à la lumière d'un bec de gaz. Les rayons lumineux qui arrivent à traverser le papier, décalquent sur la plaque en grandeur rigoureusement égale, non seulement l'écriture du recto et du verso, mais aussi (et c'est là l'intéressant) tout le grain, la vergure et les filigranes du papier. Les variations les plus minimes dans l'épaisseur du papier, occasionnées par quelques grattages dissimulés, sont susceptibles d'être mécaniquement dévoilées au moyen de la photographie par transparence. La seule difficulté pratique que soulève cette opération et qui lui est commune avec toute espèce de photographie est celle de bien proportionner le temps de pose à l'effet qu'on veut obtenir. De là l'obligation fréquente de décalquer plusieurs clichés de la même pièce selon les genres de faits que l'on cherche à faire ressortir.

Cette première opération constitue en même temps une mesure de précaution qui permet au cas où un accident viendrait à détruire ou à faire disparaître quelques-uns des documents confiés, de les remplacer par des fac-similés photographiquement certifiés conformes.

Chaque pièce est ensuite reprise et rephotographiée par les procédés ordinaires (c'est-à-dire par réflexion et au moyen d'un objectif), *rigoureusement au double* de sa dimension.

Les nouvelles épreuves ainsi obtenues fournissent de ces mêmes documents une vue d'ensemble et permanente, pourvue des multiples caractères que la loupe ne donne que *temporairement* et pour un champ très restreint (1).

Les documents anonymes (et quelquefois même les documents de comparaison) sont alors découpés en autant de petits morceaux de papier qu'il y a de mots. Ces mots, rangés par ordre alphabétique, sont disposés par colonnes verticales, sur un grand carton de 40 centimètres de côté et collés sur ce carton à côté d'un double chiffre indiquant le numéro du document et de la ligne d'où chacun pro-

(1) Raveneau, *Des écritures artificielles par contretirement* (*vulgo* décalquage), chap. x, p. 77, 78, 79, 80, 81. — Toute écriture contretirée, qui est ce que nous appelons artificielle, se pourra découvrir en ce que ces sortes de contretirements ne se peuvent faire que par le moyen d'un premier modèle tracé et marqué, puis resuivi et couvert d'encre après coup, par grande quantité de petits traits ou coups de plume faits à la suite l'un de l'autre, avec une extrême patience et attention, pour en composer des lettres petites ou grandes et autres traits qui tous ensemble sont une suite d'écriture ou seulement une signature.

Et d'autant plus que le fabricateur de telles pièces, par la difficulté qu'il rencontre de suivre sa première trace, laisse quelquefois échapper quelques-uns de ces petits *traits de plume par les bordages des traits qui composent cette suite d'écriture*.

vient. Comme conséquence du classement alphabétique, tous les mots commençant par la même lettre sont groupés verticalement les uns au-dessous des autres à une distance d'autant plus voisine que l'analogie s'étend à plus de lettres (en avant, de gauche à droite) dans le corps du mot. Les mots répétés plusieurs fois sont réunis en un groupe unique et représentés autant de fois qu'ils sont répétés. Ce rapprochement mécanique des graphiques plus ou moins similaires facilite grandement la tâche de l'expert qui n'a presque plus aucun effort à faire pour coordonner les règles et les tics d'écriture que tout écrivain possède et observe inconsciemment.

Les épreuves des deux ordres de documents (authentiques et anonymes) sont ensuite redécoupées à nouveau, mot par mot, en se servant, soit des épreuves du texte original agrandi, soit des reproductions du vocabulaire en tableau ce qui facilite l'opération du découpage. Chaque bout de papier ainsi obtenu est alors recollé isolément sur une fiche mobile de nuance différente suivant l'origine du mot reproduit : les mots extraits des documents anonymes sur cartons à fond rouge et ceux extraits des documents authentiques sur cartons à fond bleu, par exemple.

Les deux vocabulaires ainsi distingués sont alors reclassés alphabétiquement, mais en un répertoire unique. Tous les mots communs aux deux ordres de documents (et il s'en trouve toujours quelques-uns, quand ce ne serait que les explétifs) sont ainsi mécaniquement juxtaposés et leur comparaison intégrale en est à la fois assurée et facilitée. Le mélange des deux répertoires étend les possibilités de rapprochement jusqu'aux mots qui n'ont de commun que la première syllabe ou simplement la première lettre. *Pour tous, les faits parlent d'eux-mêmes sans choix pour ou contre* l'hypothèse initiale. Grâce aux deux nuances de carton employées, l'expert peut alternativement concentrer son attention sur l'un ou l'autre des documents en vue de s'assurer si les règles graphiques caractéristiques établies précédemment pour chacun des vocabulaires pris séparément trouvent leur vérification *dans la même proportion*, sur les fiches de l'autre nuance.

Les observations une fois faites et dûment consignées par écrit, les fiches de ce répertoire bicolore sont brouillées et battues comme un gigantesque jeu de cartes pour être reclassées par ordre alphabétique *inverse* ou *par rimes*. A l'encontre des répertoires alphabétiques ordinaires dont il vient d'être parlé, ce genre de classement rapproche les mots qui finissent de même, et les rapproche d'autant plus que la communauté des finales porte sur plus de lettres de droite à gauche vers l'intérieur du mot.

Le répertoire alphabétique *direct* nous avait permis de mettre en œuvre tous les documents sans exception dont disposait l'enquête en vue d'établir la façon dont le ou les scripteurs *attaquaient* leurs mots; le répertoire par ordre alphabétique *inverse* va nous donner avec le même ensemble et la même impartialité la façon bien plus importante dont ils les *finissent*. Nous disons, plus importante, car il est d'observation courante que, dans les imitations d'écriture comme dans les simples déguisements, c'est le commencement du mot qui réalise avec le plus de perfection le plan visé par le scripteur, tandis que la fin est généralement moins bien imitée, ou moins bien déguisée. « *Chassez le naturel, il revient au galop* », a dit Destouches. Tel un acteur peu expert en son art, « fera un sort » aux premiers mots de chaque phrase qu'il finira en bredouillant.

Après l'étude des initiales, après celle des finales, on passera à la comparaison des lettres médiales. Pour ce, on commencera par retirer du répertoire tous les mots d'une syllabe, explétifs et autres, suffisamment étudiés précédemment et qui, sous le rapport numérique, forment près de la moitié des mots d'un texte ordinaire.

Les mots restants, tous polysyllabiques par conséquent, sont alors reclassés par ordre alphabétique *direct*, mais sans tenir compte de leur première syllabe. D'où une nouvelle source de rapprochement et de comparaison que seul ce procédé de dissection pouvait révéler *en son intégralité*.

Supposons, par exemple, que le répertoire anonyme contienne le mot *numérique* et le répertoire de comparaison le mot *immérité*, ces deux mots amputés de leur première syllabe, viendront dans ce troisième classement se placer l'un derrière l'autre et offriront à l'expert la comparaison des deux syllabes *méri* qui leur sont communes, etc.

C'est surtout en cas de forgerie plus ou moins soupçonnée que ces multiples décompositions de mot sont susceptibles d'ouvrir à l'expertise des horizons nouveaux.

La comparaison des graphiques est, en effet, une opération que tout le monde connaît, que le faussaire le plus naïf prévoit et à laquelle il s'efforce d'obvier par l'imitation la plus scrupuleuse. Pour y arriver, les plus habiles n'ont encore rien de mieux trouvé que de composer leur écrit au moyen de mots ou de fractions de mot empruntés par calquage aux écrits véritables de la personne dont ils veulent simuler l'écriture. C'est ce que notre auteur de 1650 appelait « un faux par contretirements ».

C'est ainsi pour nous en tenir à l'exemple précédent, que les deux mots *numérique* et *immérité* pourraient très bien dériver l'un et l'autre (en ce qui regarde leurs syllabes communes), d'une même matrice graphique, du mot *américain*, par exemple.

Ainsi il peut arriver que l'expert soit ému, non par la dissemblance, mais par l'excès d'analogie des deux syllabes *méri* que le classement par médiales va faire défiler sous ses yeux l'une derrière l'autre. Son œil, une fois attiré sur ce point précis, découvrira alors presque immanquablement (s'il y a réellement *contretirement* et s'il a quelque peu d'expérience professionnelle), bien des détails minuscules complémentaires qui, sans la constatation initiale préalable, lui auraient certainement échappé, ou lui auraient semblé, avec raison, sans valeur ; ce sera par exemple, quelques légères hésitations (point d'arrêt, crochet, levé de plume) dans les liaisons de la syllabe *méri :* d'un côté avec la finale *té* (d'immérité), de l'autre avec l'initiale *nu* (de *nu*mérique), etc. Lancé sur cette voie, tous les autres joints lui apparaîtront successivement et d'eux-mêmes d'autant plus nombreux qu'il sera plus familiarisé avec le *modus operandi* de son scripteur et tout l'édifice graphique si laborieusement construit croulera ; la forgerie de la pièce deviendra manifeste : il restera à en trouver l'auteur.

Le testament de la Boussinière aurait été certainement éventé par le procédé d'analyse mécanique que nous venons d'indiquer, jusques et y compris la découverte des *syllabes-matrices*, car dans cette fameuse machination, le faussaire s'était arrangé (conformément à la tactique déjà signalée par Raveneau), pour que l'expertise fût amenée à se servir, comme pièces de comparaison, des documents mêmes qui lui avaient servi de modèles pour sa création (1).

(1) On peut dire, avec toute l'apparence de la vérité, que c'est cette célèbre affaire qui nous a servi de guide latent et que nous avons essayée de schématiser en la présente étude. Aussi croyons-nous devoir en rappeler succinctement les principales péripéties au point de vue graphique.

Judiciairement validé, au début, sur un rapport de M. Gobert, expert en écriture de la Banque de France, le faux testament de la Boussinière a occupé toute la hiérarchie de nos tribunaux pendant plus de cinq ans. Sa confection, une merveille du genre, avait été obtenue au moyen du calquage de mots et de parties de mots minutieusement et patiemment ajustés côte à côte, en prenant comme modèle graphique et littéraire une volumineuse correspondance laissée par le défunt, M. de la Boussinière.

Sa véritable originalité au point de vue technique consistait en ce que, pour permettre l'effacement des retouches et des corrections, et donner à l'écriture un aspect fluide et rapide, le calque une fois terminé et soigneusement revu avait été reporté sur une pierre lithographique. Le manuscrit testamentaire lui-même n'était autre qu'une épreuve de ce report intentionnellement tirée très pâle au moyen de sous-carbonate de plomb dit blanc d'argent qu'un autographiste professionnel très habile avait repassée à la plume avec de l'encre ordinaire.

Quant au texte, il avait été rédigé par le propre notaire de M. de la Boussinière. Non seulement il était inattaquable au point de vue juridique dans les dispositions testamentaires qu'il attribuait faussement au défunt, mais il était en même temps, sous le rapport psychologique et littéraire, un merveilleux pastiche du style et des pensées très élevées, quoique un peu surannées, du vieillard.

Ainsi, pour réussir ce chef-d'œuvre, il n'avait pas fallu moins de trois associés de spécialité professionnelle différente, savoir : un lithographe, un autographiste et un notaire. Cette complicité, cause de leur réussite initiale, par un juste retour, occa-

Le procédé de dissociation graphique est bien la contre-partie exacte de celui employé par les faussaires pour forger leur pièce. C'est en cela que réside sa raison d'être. Du jour où il a été établi par plusieurs exemples que des documents fabriqués par décalques avaient pu être déclarés valables par les experts, de ce jour, l'examen graphique par dissociation et combinaison s'imposait pour toute expertise sérieuse.

Ce n'est pas un *truc de policier*, c'est une véritable méthode très laborieuse, dont l'application consciencieuse facilite singulièrement la découverte d'une pièce forgée à l'aide de syllabes agglutinées (1).

sionna leur perte : le testament une fois validé et la fortune encaissée, ils ne tardèrent pas à se faire chanter les uns les autres... puis à se dénoncer.

Seul, le notaire fut condamné aux travaux forcés, le lithographe ayant été écarté des poursuites, tandis que grâce à l'éloquence de Me Demange (23 mai 1892), l'autographiste, cheville ouvrière de la forgerie, était acquitté.

Il devait mourir dans la misère quelques mois après. Mais le souvenir de son œuvre lui survit. Le faux testament de la Boussinière est resté et restera longtemps encore, espérons-le, le cheval de bataille, l'argument suprême, que tout défenseur dans une affaire d'écriture garde en réserve pour sa péroraison.

(1) Aux documents de peu d'étendue, on peut appliquer un quatrième genre de classification et d'examen qui, dans sa complexité plus grande, inclut les trois précédents. Il présente sur eux cet avantage considérable de permettre d'apprécier immédiatement la *proportion* numérique des diverses formes graphiques que peut revêtir une même lettre médiale et de faire ressortir l'influence modificatrice exercée sur son dessin, soit par la lettre dont dont elle est immédiatement précédée, soit par celle dont elle est immédiatement suivie.

Pour ce faire, il est établi vingt-quatre tableaux primordiaux, c'est-à-dire autant qu'il y a de lettres dans l'alphabet, et chaque tableau est lui-même divisé en deux sous-groupes qualifiés l'un de *classement par antériorité*, et l'autre de *classement par postériorité*.

Au moyen d'un artifice particulier, les mots du document à

La recherche des décalques, là est bien la ruse que l'expert en écriture doit s'efforcer de déjouer

analyser sont d'abord photographiquement multipliés, *à deux exemplaires*, autant de fois que chacun d'eux compte de lettres, et une paire de chacun de ces mots est successivement répartie sur le tableau spécial correspondant à chacune des lettres dont il est formé. Quand la même lettre se trouve plusieurs fois dans le même mot, ce mot est répété en double sur le tableau de cette lettre autant de fois que cette même lettre figure dans le mot.

Ainsi, par exemple, tous les mots du document, sans exception contenant, en *initiales*, *médiales* ou *finales*, la lettre *a*, puis tous ceux contenant de même la lettre *b*, ou la lettre *c*, etc., sont d'abord groupés séparément, en double exemplaire, sur les tableaux spécialement consacrés à l'étude des lettres A, B, C, etc. L'un de ces deux exemplaires est alors ordonné alphabétiquement d'après la lettre qui, pour chaque mot, précède celle qui fait l'objet du tableau : *c'est le groupement dit par antériorité.*

On établit ensuite, pour le même tableau, un second groupement des mêmes mots en les ordonnant, cette fois-ci, au moyen de la lettre qui suit celle qui fait l'objet du tableau : *c'est le groupement dit par postériorité.* Ainsi cette dernière série est exactement la répétition de la première, mais dans un autre ordre de mots.

Dans l'ordonnancement de chaque tableau, les lettres initiales sont considérées et classées, dans le groupement par antériorité, comme si elles étaient précédées d'une lettre virtuelle : l'*anté-alpha;* et les lettres finales, dans le groupement par postériorité, comme si elles étaient suivies d'une lettre *post-oméga.*

Dans un catalogue de ce genre, toutes les combinaisons binaires de lettres offertes par le document à examiner sont classées de telle sorte qu'il devient facile de trouver immédiatement le groupement de celles que l'on désire étudier. Tous les faits semblables sont réunis en un point unique de façon à n'offrir aux yeux de l'observateur que les seuls faits (tous ces faits et rien que ces faits) dont il recherche la loi. Aussi ce serait une erreur de croire que ces multiples travaux de découpage et de collage allongent nécessairement la durée totale d'une expertise graphique. Le temps qu'on y emploie est compensé et au delà par la facilité plus grande apportée aux comparaisons, auxquelles il importe, avant toute autre considération, de procéder avec méthode.

maintenant comme du temps du président Lamoignon.

Quel est donc au juste le caractère du mot calqué? Raveneau en 1650 (2), comme l'abbé Michon en 1890 (observations sur l'expertise en écriture), professent qu'il y a eu calquage du moment qu'il y a superposition exacte. C'est là d'ailleurs une exagération, car certaines écritures, certainement naturelles, offrent parfois des mots semblables superposables.

Quoi qu'il en soit, on peut admettre qu'il est exceptionnel qu'un scripteur répète inconsciemment deux fois exactement le même graphique, comme il est, dit-on, difficile à la *nature* de faire deux feuilles exactement semblables.

Mais le calque le plus parfait n'arrivant jamais lui-même à reproduire exactement l'original, il faudrait également savoir jusqu'où la *dissemblance* peut s'étendre pour que l'admissibilité du calquage disparaisse.

On peut dire que du moment que l'analyse graphique dépasse la *ressemblance morphologique* pour approcher de l'*égalité géométrique* (qui se démontre, comme on sait, par la superposition), l'attention de l'expert doit être éveillée.

Antérieurement, pour les aider dans ces comparaisons, les experts se servaient de petits calques

(2) « La forme trop régulière en une écriture et particulièrement en une signature peut être suspecte parce que, si dans une comparaison de signatures il s'entrouve deux semblables de tous points, en hauteur, grosseur, et même étendue de traits et paraphes, ce serait alors que l'affectation serait évidente et ferait juger de la fausseté, parce qu'il est impossible à qui que ce soit de faire deux signatures dans une conformité si parfaite, si ce n'est par un contretirement. » (Raveneau, *Traité des inscriptions en faux*, p. 72.)

exécutés à la main sur papier pelure, qu'ils transportaient de place en place sur les mots soupçonnés d'avoir la même origine.

Le service de l'identité judiciaire a remplacé ces calques faits à la main au fur et à mesure des besoins par des fac-similés photographiques agrandis, exécutés sur papier pelure sensibilisé, puis frotté avec un alcoolat résineux. On arrive ainsi à réaliser une espèce de verre souple d'une transparence absolue qui reproduit l'écriture comme sur un vitrail, avec l'exactitude la plus grande.

Pour être absolument sûr qu'aucun mot n'échappera à ce genre de vérification, les grands tableaux alphabétiques du vocabulaire des documents argués de faux sont reproduits en entier sur papier pelliculaire dès le début de l'enquête, de sorte que l'expert les a toujours sous la main pour essayer telle ou telle superposition qui paraîtrait lui présenter le moindre intérêt.

La transparence de ces papiers est si grande que deux mots, non complètement identiques, étant mis l'un sur l'autre, il devient quelquefois difficile de distinguer quel est celui des deux tracés (l'inférieur ou le supérieur) qui déborde l'autre.

Pour y obvier, les mots dont la juxtaposition demande à être mise en pleine lumière sont teintés en nuances complémentaires (c'est-à-dire dont le mélange donne le noir), savoir, le mot matrice en rouge et le mot argué de contretirement en vert. Il en résulte qu'une fois la superposition faite, partout où la concordance de trait existera complète, le tracé apparaîtra d'un noir absolu, tandis que partout où il y aura un *manquement*, le rouge ou le vert émergera suivant que ce sera le trait matrice qui restera découvert ou le trait décalqué qui débordera.

Ainsi, comme nous l'avons dit au début de cette étude, ces procédés dérivent tous directement de la photographie et constituent, sans jeux de mots, de véritables préparations photo-macro-graphiques. Sans photographie, pas de fac-similé en aussi grand nombre que nécessaire, et par suite pas de classification et de reclassification en tous sens, etc., etc. Sans photographie, l'expert, abandonné à ses propres forces, en serait réduit à ne compter que sur les efforts continuels de sa volonté, et alors devant l'immensité de la tâche, la perception du détail et surtout son interprétation, sa signification psychique, cesseraient d'être nettement perçues. Or, en cette matière, comme en police criminelle, la minutie est ce qui importe le plus; c'est par des *riens* que la vérité transpire toujours, et elle ne doit apparaître qu'ainsi, *car la volonté attentive du faussaire est là pour arrêter au passage toutes les preuves criantes.* La supériorité des procédés mécaniques de la préfecture de police pour l'identification graphique consiste à préparer si bien le terrain que l'expert, quelque indolent qu'on le suppose, n'a presque plus aucun effort à faire pour appliquer ses connaissances professionnelles, c'est-à-dire pour *percevoir* et *interpréter*.

Interprétation logique des faits. — Du corpus scriptorum. — En résumé, l'expertise graphique devrait comporter deux périodes successives qui s'enchaînent l'une à l'autre et dont l'ordre ne saurait être interverti (1) :

(1) *Règles pour l'usage des monuments écrits.* — « Les monuments étant de véritables témoignages, on doit leur appliquer les mêmes règles qu'aux témoins eux-mêmes.

Or, pour ceux-ci, par exemple, devant les tribunaux, on

1° Enquête relative à la similitude des tracés et formes de lettres des divers documents (ou comparaison des écritures), laquelle est conduite à l'aide des répertoires de mots agrandis au double, découpés et collés sur fiches mobiles et successivement classés par ordre direct, inverse, médian, etc.

2° Enquête relative à l'authenticité (ou vérification graphique) qui, tout en prenant pour point de départ les constatations précédentes, a recours spécialement aux agrandissements photographiques considérables (de cinq à cent diamètres suivant la nature spéciale de la recherche) pour découvrir et enregistrer les hésitations, surcharges, reprises, dont toute imitation d'écriture est plus ou moins accompagnée.

Examinons scrupuleusement la nature des conclusions dont ces deux genres de recherche sont susceptibles.

La *première période*, la comparaison des formes graphiques, aboutit à une question de combinaisons, ou de calculs de probabilités.

S'il se trouve que les deux écrits à rapprocher présentent telle forme bizarre anormale, ou telle anomalie de tenue de plume, etc., c'est une présomption de communauté d'origine; s'ils en présentent deux, trois, quatre, dix, etc., bien accusées, tout aussi carac-

s'assure d'abord de leur identité, ensuite de leur véracité. De même, pour les monuments, il faut s'assurer d'abord de leur authenticité (terme qui équivaut à l'identité quand il s'agit de personne), et en second lieu de leur sincérité (point de vue dont l'expert en écriture n'a pas à s'occuper).

1° *Authenticité.* — Établir l'authenticité d'un monument, c'est établir qu'il appartient bien au *temps*, au *lieu* et au *personnage* auxquels on le rapporte.

2° *Sincérité.* — L'exactitude des faits relatés se prouve au moyen des règles de l'induction historique. » (Paul Janet, *Cours de philosophie*, p. 513.)

téristiques, et *qui paraissent sans corrélation manifeste les unes avec les autres,* la présomption s'achemine vers la certitude, au point de l'égaler pratiquement, (sans pourtant jamais l'atteindre théoriquement), c'est ce que les mathématiciens appellent une *probabilité*, mais quelle probabilité? la probabilité qu'une *telle coïncidence de forme entre les deux écrits ne puisse être due au hasard*, d'où (les influences de parenté, d'école et de mode mises à part) la conclusion pratique que les deux documents rapprochés sont issus de la même main, à moins qu'ils n'aient été faits semblables intentionnellement (ce qui suppose le faux en écriture).

Du moment qu'elle est ainsi délimitée, la comparaison graphique, entre pièces supposées écrites naturellement, devient une opération relativement aisée; elle réclame une grande patience, et, comme connaissances pratiques, l'appréciation à leur juste valeur signalétique des *anomalies de l'écriture de notre époque.*

Cette valeur est déterminée par des observations statistiques basées sur un grand nombre d'écritures émanant de scripteurs de toutes les catégories sociales. Ces spécimens soigneusement collectionnés au service de l'identité judiciaire, forment des répertoires spéciaux dûment catalogués qui ont reçu la désignation quelque peu prétentieuse de *corpus scriptorum.*

Ainsi l'on peut imaginer telle écriture calligraphique ou *poncive*, dont le caractère personnel serait nul, et qu'il deviendrait impossible, par suite, d'identifier, et telle autre écriture pouvant être aisément séparée de toutes celles de la terre.

Donc le degré de confiance à accorder aux conclusions de la comparaison entre deux pièces, varie d'un cas à un autre et peut être exprimé approximativement par un chiffre. Ce chiffre a beau n'être qu'approximatif, très approximatif, il repose sur un fonds d'observations impersonnelles, dont la base, le *corpus scriptorum*, peut être mise sous les yeux de la défense. Le procédé est donc à tous points de vue préférable aux appréciations non contrôlables des experts ordinaires : « *Telle écriture est banale, telle autre est caractéristique de l'individualité.* »

Toutes les affirmations sont appuyées sur des faits vérifiables, et *il n'en est pas fait d'autres*. Répétons enfin que l'interprétation reste toujours subordonnée à la condition fondamentale que les manuscrits sont supposés tracés d'une écriture naturelle, ce qui, d'ailleurs, en matière de police, est de beaucoup le cas le plus fréquent.

Mais si l'un des deux documents *ou les deux* sont machinés en vue d'établir entre eux une correspondance, la première partie de la conclusion précédente continuera seule à être juste, savoir : *coïncidence anormale et non due au hasard,* mais à la volonté d'un faussaire.

Le résultat numérique reste le même, c'est l'interprétation (ou déduction) qui change.

Là commence la difficulté.

Deuxième période, enquête relative à l'authenticité. — La science dispose-t-elle actuellement d'un moyen péremptoire pour reconnaître le faux par l'examen du seul document?

On peut et doit affirmer catégoriquement que, en l'absence de preuves matérielles spéciales à chaque cas, *il n'y en a pas* : c'est une affaire d'appréciation, de recherche patiente de toutes les erreurs et hésitations, etc., qui, de tous temps ont passé avec raison, jusqu'à un certain point, pour la caractéristique de la pièce forgée.

Dans cet ordre de recherche, ce n'est plus à la forme géométrique des lettres qu'il faut s'attacher, mais au *mouvement* qui a présidé à leur confection. La question à élucider en ce deuxième examen peut se résumer ainsi : les effets graphiques étudiés précédemment ont-ils été réellement produits, ainsi qu'il est naturel de le supposer, c'est-à-dire au courant de la plume?

Malheureusement tous les écrits, même les plus naturels, présentent toujours, en plus ou moins grand nombre, des tares, quand ce ne serait que des levées de plume ou seulement des arrêts anormaux. Le tracé graphique est un instrument d'enregistrement si extraordinairement délicat que la moindre émotion est susceptible d'y être inscrite. Sans parler de la colère, des passions et des autres causes d'énervement qui peuvent jeter l'agitation à travers plusieurs pages d'un manuscrit, il suffit d'un bruit subit, ou même d'une simple hésitation dans la conception ou dans l'orthographe d'un mot, pour laisser dans le tracé d'une courbe un heurt ou une brisure qu'on peut souvent retrouver séance tenante... du moment que l'on en soupçonne l'existence.

Mais comment distinguer intrinsèquement ces hésitations quasi naturelles de celles qui doivent nous déceler l'écriture forgée? C'est là uniquement une question d'appréciation, de tact, une question de plus ou de moins.

Plaçons-nous en face de l'hypothèse la moins compliquée, en face de celle qui semble la plus favorable à une conclusion formelle affirmative : supposons que l'écriture naturelle et authentique présente le minimum de ces pseudo-signes de forgerie et que la pièce en question (une reconnaissance d'argent prêté, par exemple) en soit tissée du premier mot au dernier.

Qui oserait affirmer (indépendamment des faits de la cause) que ce dernier écrit, objet du litige, n'a pas été machiné de cette façon, intentionnellement, par le scripteur même qui aurait, avec intention, maladroitement imité son propre et usuel graphisme, en vue de se ménager la ressource de le dénier ensuite?

Pour peu qu'on ait étudié la théorie du métier, rien ne paraît plus facile que de tromper de cette façon un expert en écriture non prévenu.

En tous cas, il lui sera impossible de démontrer scientifiquement, c'est-à-dire impersonnellement, que telle brisure dans le tracé d'une courbe, telle reprise discrète au cours d'une liaison, ne sont pas des tares volontairement exagérées d'auto-forgerie, soit par auto-imitation naturelle (du genre de celle dont nous avons parlé précédemment), soit par auto-calque de la propre écriture du scripteur.

Vous pouvez dire de cette hypothèse qu'elle est absurde, invraisemblable, inconciliable avec les faits de la cause; mais vous êtes inapte à prouver que cela n'a pas pu être ainsi.

S'il n'est pas possible de prouver intrinsèquement la forgerie d'un document, il n'y a pas davantage de *preuve scientifique* ou *certaine* d'authenticité : *on ne peut jamais émettre qu'une présomption plus ou moins grande, basée sur l'absence d'indice de forgerie.*

Or de ce qu'un ou plusieurs experts n'ont pas trouvé de ces indices, il ne s'ensuit pas nécessairement qu'il n'y en ait pas; il n'y en aurait réellement pas, que l'authenticité n'en serait pas, au point de vue philosophique, mieux démontrée pour cela, pas plus qu'on ne peut affirmer qu'une découverte future ne viendra pas, demain ou après, à l'insu des experts, fournir le moyen facile de réaliser un faux parfait.

D'ailleurs l'expérience est là pour prouver qu'il y a eu, bien rarement il est vrai, des testaments idéalement forgés (exemple, celui de la Boussinière).

Qui peut répondre qu'un intérêt ignoré de tous n'a pas poussé quelque criminel inconnu à s'exercer durant un an, deux ans ou plus, à reproduire par imitation naturelle, jusqu'à la perfection, l'écriture d'une personne déterminée ?

C'est ainsi que les Charavay se déclarent incapables de distinguer les autographes de Louis XIV de ceux de son « secrétaire à la main »... et ils sont orfèvres en la matière.

Quand, au lieu d'un écrit de quelque étendue, il ne s'agit que d'arriver à l'imitation naturelle de la seule signature, c'est-à-dire d'un mot unique, à graphique uniforme, la difficulté et la durée de l'apprentissage sont infiniment moindres.

Pour une simple permission de minuit, tous les scribes d'un régiment seraient à même d'imiter la signature de leur capitaine avec une perfection suffisante pour tromper tout le régiment, y compris leur capitaine et eux-mêmes.

Ni les quatre lignes d'écriture visées par le proverbe, ni même quatre pages, ne sauraient donc, en elles-mêmes, constituer une preuve, ni un commencement de preuve, mais simplement une présomption toujours modifiable en ce qui regarde la possibilité du faux, *au fur et à mesure de la découverte de faits nouveaux.*

En un mot, les cas exceptionnels mis à part, l'authenticité d'un écrit ne peut être démontrée, ce qui s'appelle démontrée, géométriquement démontrée, qu'en s'appuyant sur les faits de la cause... Or la tradition judiciaire exigerait, paraît-il, que l'expert fût censé les ignorer !

Nous allons examiner les conséquences bizarres qui souvent en résultent.

Démonstration, au moyen d'un exemple, des principes précédemment posés ; mise en œuvre de la méthode numérique. — Autre exemple d'une expertise d'écriture au criminel. — De l'expertise en écriture dans les affaires civiles et des moyens pratiques de remédier à son insuffisance : des empreintes digitales.

Résumé : Du peu de valeur des conclusions basées uniquement sur des observations graphiques. — De quelques traces matérielles probantes. — De la méthode en général dans les recherches judiciaires.

Utilité pour l'expert de connaître aussi exactement que possible toutes les circonstances qui sont présumées avoir accompagné la confection de l'écrit soumis à son examen. — Voici un cas des plus banals qui a été jugé récemment sans bruit et qui tend à montrer que dans la pratique des choses l'expert n'ignore rien de ces circonstances qu'il feint de ne pas connaître.

Un homme d'affaires, ayant plusieurs recouvrements à effectuer à travers Paris, avait pris un fiacre à l'heure. A la fin de la journée il se trouva avec une dernière créance à toucher devant l'étude d'un notaire qui venait de fermer ! L'idée malencontreuse lui vint alors de remettre son titre à son cocher en le priant de faire le recouvrement à sa place et de lui en porter le montant (250 francs) à son domicile. Le lendemain notre homme d'affaires attendit vainement l'arrivée de son mandataire : personne ne vint. Il se rendit aussitôt chez le notaire qui lui certifia que les 250 francs avaient été remis à un cocher dont il lui présenta le reçu signé sous les yeux de l'un de ses clercs quatre heures auparavant.

L'acquit ne portait que le mot *Prevost* sans paraphe. Or le cocher, dont l'homme d'affaires avait gardé le nom et le numéro, s'appelait *Froment* (j'altère intentionnellement dans tout ce récit les noms propres, dont je ne laisse subsister que les initiales).

Malgré cette différence, le procureur de la République informé n'hésita pas à faire ouvrir une instruction contre le cocher *Froment* qui fut recherché et finalement arrêté. Confronté avec l'homme d'affaires, puis avec le clerc de notaire, il fut parfaitement reconnu par le premier comme son automédon, et par le second comme la personne à laquelle il avait l'avant-veille versé 250 francs contre reçu. Ajoutons enfin que le cocher niait tout et soutenait que ce n'était ni lui qui, trois jours avant, avait voituré l'homme d'affaires toute une après-midi, ni lui qui avait touché les 250 francs et signé le reçu ; mais il ne justifiait de l'emploi de son temps, ni pendant la première après-midi, ni pendant la matinée subséquente.

Ainsi, malgré ses dénégations, la culpabilité du cocher ne paraissait faire l'ombre d'un doute. Néanmoins, pour plus de sûreté, le juge d'instruction commit un expert en écriture, M. Y..., à l'effet de savoir si la signature Prevost était de la main de Froment.

L'expert, dans un rapport de six pages lues à l'audience, n'hésita pas à l'affirmer *sans réserve aucune*.

Rien de plus instructif, au point de vue de la méthode, que son argumentation. Elle est basée *uniquement* sur l'étude successive des sept lettres *P r e v o s t*, qui composent la signature, en vue d'en faire ressortir l'identité approximative avec les lettres correspondantes de la pièce de comparaison (représentée ici par une dictée de quelques lignes exécutée par l'inculpé en présence du juge d'instruction).

Voici les conclusions textuelles de son rapport : « En

résumé, nous, expert soussigné, déclarons que, à notre avis, la signature Prevost apposée au bas du reçu ci-annexé, émane bien du prévenu Froment. »

Certes, l'avis était bon et un expert peut en émettre des centaines de ce genre, dans sa carrière, sans risquer de faire erreur, mais il n'est pas motivé ou, ce qui pis est, il est mal motivé.

En effet, conformément à l'usage, il n'est fait aucune allusion, dans le cours du rapport, aux faits de la cause que l'expert paraît ne pas connaître, tandis que la partie sous-entendue de ses raisonnements et de ses conclusions prouve qu'il n'en ignore rien. Nous allons le démontrer.

A qui faire croire, en effet, que, parmi les deux millions de Parisiens de l'un et l'autre sexe, qui presque tous savent plus ou moins tenir une plume, il serait malaisé de réunir, je ne dis pas des centaines, mais des milliers de personnes capables, *après un peu d'exercice*, d'arriver à réaliser dans la perfection le graphique si simple, si enfantin de Prevost (toute intention frauduleuse étant supposée exclue).

Mais admettons que notre expert ait été informé que le scripteur de la dictée et celui du reçu étaient du même sexe et de la même profession ; c'est-à-dire, en l'espèce, l'un et l'autre cochers. Le coefficient d'incertitude seul eût été atténué. Faites écrire quelques lignes aux 10 000 cochers de Paris ; combien en trouverez-vous dans la masse qui laisseront échapper ici un *p*, là un *r*, et là un *e* ou un *v*, etc., aussi mal formés, aussi gourdes, et d'un tracé assimilable à celui de notre reçu ? Plusieurs dizaines, vraisemblablement ; le nombre en dépasserait peut-être la centaine. Admettons qu'à force de rigueur et de minutie dans la comparaison, on atteigne le nombre *dix*, il suffirait encore, tel quel, pour jeter un doute sérieux dans un esprit impartial, si l'ensemble des faits de la cause n'était derrière.

Mais là n'est pas le nœud de la question. En effet, *si nous admettons que l'expert ignore entièrement les faits de la cause*, son devoir est de supposer et d'examiner l'hypothèse où la signature *Prevost* résulterait soit d'un faux par décalque, soit d'un faux par imitation naturelle, et alors ce n'est plus un cocher sur mille qui, l'intention frauduleuse écartée, serait à même d'écrire le mot *Prevost* comme sur le reçu..., mais tous les cochers de Paris, presque sans exception.

En effet, l'écriture en est si tremblée, si maladroite, que n'importe qui sachant tenir une plume serait à même de la reproduire immédiatement par décalque, d'une façon suffisamment équivalente pour tromper n'importe qui ; et un grand nombre seraient à même, après quelques jours d'exercice, d'arriver à une bonne imitation naturelle, c'est-à-dire sans calque, sans installation spéciale, sous les yeux d'un témoin.

Or, *le rapport ne mentionne même pas*, et *à fortiori* n'examine pas la possibilité d'un faux.

C'est que ces diverses hypothèses graphiques sont écartées d'elles-mêmes par les faits de la cause qui éliminent également les autres possibilités d'erreur : le reçu incriminé ayant été signé sous les yeux d'un clerc de notaire, en pleine étude, ne saurait en effet résulter d'un faux par décalque. Il ne saurait non plus résulter d'un faux par imitation naturelle d'écriture... dans le but de tendre un piège ou dans le but de faire retomber l'acte incriminé sur un collègue dont on aurait d'avance songé à usurper l'écriture... parce qu'on n'aurait pas eu le temps dans l'intervalle d'une nuit de s'exercer à l'imitation de l'écriture d'une tierce personne, et que le peu d'importance de la somme à toucher ne justifiait aucunement une machination aussi complexe, aussi ténébreuse.

Enfin, point capital, ce reçu ne pouvait pas davantage provenir des quelques dizaines de cochers susceptibles de réaliser spontanément, de leur propre écriture, un tracé assimilable à la signature du reçu, parce que le clerc de notaire, témoin de l'acte, avait gardé un souvenir très net de la physionomie de son client, que le fait incriminé ne remontait qu'à quelques jours, qu'il en avait été avisé presque immédiatement après, de sorte que sa mémoire, mise en éveil, s'était efforcée de conserver un souvenir visuel net du cocher escroc, que ce clerc enfin était un garçon sérieux insoupçonnable de connivence, etc., et que, finalement, il reconnaissait péremptoirement le cocher Froment.

Certes, si l'on peut trouver dix cochers écrivant naturellement le mot *Prevost* d'une façon confondable, il est bien peu probable que sur ce nombre restreint, on puisse en rencontrer deux qui aient conjointement un physique analogue : même taille approximativement, même corpulence, même âge, même nuance de cheveux et de barbe, même voix, etc. Une coïncidence de ce genre serait déjà bien extraordinaire, mais le reste des faits de la cause achève de la rendre absolument inacceptable, puisqu'il nous faudrait admettre en même temps que l'un des deux sosies connaissait l'autre, et qu'il avait pris sa voiture, son numéro... le tout à l'insu de son possesseur légitime, le nommé Froment qui, cependant, se cachait dans des endroits inavouables, etc.

La cause a donc été bien jugée, et l'avis de l'expert conforme à la vraisemblance la plus manifeste, du moment que nous admettons qu'il connaissait tous les détails de l'affaire.

Ne me répondez pas que le Juge seul avait qualité pour diriger les raisonnements compliqués mais nécessaires qui précèdent. Nous ne voulons aborder ici que la question de fait : si nous supposons que l'*expert* ne connaissait de l'affaire que ce qu'il mentionne dans son rapport, à savoir l'existence d'un reçu signé *Prevost* et d'une dictée de douze lignes écrites par un nommé Froment, et si nous ajoutons cette condition observée par lui, savoir : QU'IL NE VOULAIT NI EXCLURE NI MENTIONNER L'HYPOTHÈSE DE FAUX, nous croyons avoir établi qu'il ne pouvait, en bonne logique, conclure, au point de vue graphique, autrement qu'ainsi : « Il y a à Paris plusieurs centaines de mille personnes, hommes, femmes ou enfants aussi capables que Froment d'écrire le mot Prevost comme il est tracé sur le reçu soumis à mon examen. »

Autrement dit, son rapport, au lieu de porter un complément de lumière, presque superflu dans une affaire très simple, aurait eu comme résultat d'obscurcir bien inutilement la question en paraissant conclure en faveur de l'accusé (1).

(1) L'évidence des faits n'a pas empêché Froment de nier et de soutenir jusqu'au bout qu'il n'avait été condamné que sur une expertise en écriture.

Les mêmes protestations ont été formulées, mais plus bruyamment, par M. X., condamné pour chantage en juin 1895, sur un ensemble de preuves jugées suffisantes à la quasi-unanimité, parmi lesquelles la comparaison d'écriture n'avait joué qu'un rôle strictement limité aux principes posés ci-dessus.

Autre exemple de l'intervention de l'écriture dans une affaire criminelle. — N'allez pas croire que l'affaire Froment soit unique en son genre. En voici une que j'ai suivie du commencement à la fin et qui au point de vue théorique, présente des analogies nombreuses avec la précédente, sans offrir pourtant le même degré de certitude quant aux conclusions : je veux parler de l'identification du cadavre de l'anarchiste Pauwels, auto-mitraillé sous le porche de la Madeleine, avec le *se disant* Rabardy qui, trois semaines auparavant, avait sournoisement déposé des bombes dans un garni de la rue Saint-Jacques et de la rue Saint-Martin.

Arrivé sur les lieux dans la demi-heure qui suivit l'explosion, j'avais aussitôt été frappé par la ressemblance que le cadavre, horriblement mutilé, présentait avec la description que les deux logeurs m'avaient faite, à plusieurs reprises, du faux Rabardy : même taille, même âge approximatif, même système pileux, même teint, même corpulence, sans parler de la communauté de fanatisme et de connaissances pyrotechniques que l'analogie des procédés employés (et notamment celle de la mitraille) dénotaient suffisamment.

Aussi n'hésitai-je pas à déclarer qu'il devait y avoir identité entre les auteurs des deux attentats.

Malheureusement pour ma thèse, sur les quatre ou cinq personnes qui avaient aperçu le faux Rabardy lors de son passage dans les hôtels des rues Saint-Jacques et Saint-Martin (et qu'un ordre de l'autorité judiciaire convoqua sur les lieux séance tenante), pas une ne consentit à se ranger à mon opinion. Néanmoins leur concordance précédente en ce qui regardait le signalement, jointe à la difficulté bien connue de reconnaître un cadavre, me fit persister dans mon premier avis.

J'y revins le lendemain dans un rapport écrit qui a paru depuis dans les *Annales d'anthropologie criminelle* de Lacassagne.

Mais cette hypothèse continuait à ne reposer que sur des présomptions, et il est certain que j'aurais été autrement réservé s'il s'était agi d'inculper un vivant devant un tribunal.

Il était réservé à M. Meyer, juge d'instruction, en se procurant d'anciennes lettres authentiques de l'écriture de Pauwels, de mettre cette thèse hors de doute.

Le faux Rabardy avait en effet laissé un spécimen de son écriture sur le bulletin d'hôtel qu'il avait rempli, rue Saint-Jacques *sous les yeux de l'hôtesse*. Cette pièce ne pouvait donc pas être soupçonnée de forgerie. Or elle était d'un graphisme très caractéristique, remplie d'anomalies signalétiques, dont il serait difficile de trouver la réunion naturelle chez un second scripteur..., et toutes ces anomalies coexistaient, identiques de forme et de caractère, dans l'écriture authentique de Pauwels. Inutile de répéter à ce sujet le raisonnement suivi dans l'affaire du cocher Froment, il est tout semblable : la coïncidence de quelques ressemblances graphiques anormales, *et non soupçonnables de forgerie*, avec la ressemblance générale physionomique, suffisait en l'espèce pour amener la conviction. — La preuve était faite.

Le passage suivant de la préface que M. Brouardel a écrite pour le traité de médecine légale de M. Vibert me semble résumer admirablement cette discussion de méthode : « La qualité majeure de l'expert n'est pas l'étendue des connaissances, mais la notion exacte de ce qu'il sait et de ce qu'il ignore.

« C'est là ce qui constitue son impartialité vraie, son honorabilité professionnelle, savoir dire à temps « je ne sais pas », pour ne pas être obligé de dire plus tard : « je me suis trompé, parce que je ne sa- « vais pas » ; si les conclusions de son expertise sont incomplètes on trouvera dans les constatations faites avec rigueur les éléments suffisants pour les parfaire. »

Le grand danger d'une faute de méthode, c'est d'entraîner avec elle un cortège de conséquences vicieuses dont on se méfie d'autant moins que l'erreur initiale est plus entrée dans la pratique journalière. C'est ainsi, pour en revenir à notre premier exemple, que l'expert qui a signé un certain nombre de rapports du genre de l'affaire Froment-Prevost est en mauvaise posture pour déclarer son incompétence le jour où il se trouve en face d'une affaire identique sous le point de vue exclusif des rapprochements graphiques, mais dont les circonstances n'excluent pas l'hypothèse de faux.

Les affaires civiles obligent souvent a une interprétation plus étendue des conclusions de l'expertise. — Aux yeux de bien des personnes, la question de l'expertise en écriture se pose sous cette forme qui rappelle un peu l'une des douze preuves classiques de l'existence de Dieu : « c'est un art nécessaire... et s'il n'existait pas il faudrait l'inventer pour assurer l'ordre social. Or, en limitant d'une façon aussi étroite les connaissances techniques des experts, en affirmant notamment que l'on ne peut jamais certifier qu'une pièce n'émane pas d'un faussaire, que c'est avant tout une question d'appréciation où la considération des intérêts mis en jeu entre en première ligne, que partout et toujours l'effort est proportionnel au but, etc., vous risquez de porter atteinte à la sécurité des transactions commerciales. Impossible, par exemple, avec votre théorie, de jamais se prononcer sur la validité d'un testament olographe pour peu que la somme transmise soit importante. Voici pourtant une forme testamentaire reconnue par la loi. »

A cela nous pourrions répondre que notre argumentation est plus théorique que pratique et que l'exécution parfaite d'un faux reste toujours une opération difficile, rendue encore plus difficile et surtout plus inquiétante par l'intervention du microscope et de la photographie qui, en permettant d'agrandir et de multiplier les images autant qu'il est nécessaire, fait porter les combinaisons et par suite l'examen et les comparaisons sur des points qui, tant par leur complexité que par leurs minuties, échappent à l'œil du faussaire.

Est-il nécessaire d'ajouter que nous ne considérons d'ailleurs notre théorie sur la possibilité toujours admissible du faux comme applicable qu'aux causes criminelles. Dans les affaires civiles, où les circonstances de la cause imposent souvent, malgré un doute légitime, une solution catégorique quelle qu'elle soit, force est bien parfois de s'en rapporter au jugement des experts, à moins que l'on ne veuille se résoudre à donner une prime permanente aux faussaires en partageant l'objet du différend en deux, ce qui serait absurde. Mais n'oublions pas que, même au civil, l'opinion de l'expert ne dépasse pas la valeur d'un témoignage négatif : « Je conclus à l'authenticité de ce document, parce que je n'ai pu y découvrir des traces suffisantes de forgerie... ou bien encore je conclus à la forgerie de cette pièce pour tels et tels faits où je n'ai pu découvrir les caractères de l'identité alléguée. »

C'est un procédé d'argumentation qui, dans les affaires civiles précitées, peut avoir une valeur décisive (1) ; il n'en saurait être de même au criminel où il n'y a pas nécessairement une partie lésée et où l'accusé doit profiter en tous cas de l'insuffisance de preuve.

Légitimité du doute. — En matière de police, comme du temps de M. de Sartine, la comparaison d'écriture reste un procédé aussi précieux que scabreux pour échafauder des indices ; mais quand de ces indices on a tiré une piste conforme, son intervention cesse par cela même d'être probante, et toutes les coïncidences graphiques invoquées en premier deviennent frappées de suspicion légitime.

« Il faut dix mille scripteurs, nous dira-t-on, pour en trouver un ayant cet ensemble de caractères graphiques... Eh bien, ce choix entre dix mille, vous l'avez fait dans l'enquête préalable ; rien d'étonnant donc à ce que vous ayez réussi... Continuez vos recherches et vous arriverez de même à trouver une autre piste à chaque dix mille écritures que vous examinerez (2). »

(1) A la condition qu'on n'en exagère pas la valeur ; à la condition, autrement dit, qu'aucun des faits de la cause ne vienne renforcer le doute. Ainsi, dans l'affaire de la Boussinière, l'origine mystérieuse du testament retrouvé six mois après le décès était un de ces faits qui auraient dû donner à réfléchir.

(2) Nous prions le lecteur de ne voir en ces lignes aucune allu-

Ce sont là des raisonnements légitimes à la portée de tous les avocats. Le faux n'est si sévèrement puni par le code que parce qu'il est à la fois si aisé à commettre et si difficile à prouver. Remarquez que, dans la pratique, les banquiers, qui sont tous plus ou moins graphologues, ne payent pas, en vérité, sur la simple signature ; il leur faut, en outre, ou bien que l'effet qu'ils escomptent, leur soit porté et garanti par une personne connue, ou qu'ils aient été prévenus de la transaction qu'il représente, ou que le papier du chèque et ses dispositions typographiques leur soient connus, et que, point capital, la somme à payer ne soit pas trop élevée, etc., multiples circonstances accessoires dont la réunion finit par offrir une garantie supérieure à celle de la seule signature. Cette dernière consacre la transaction au point de vue légal, la rend définitive et obligatoire du moment que l'hypothèse de faux est écartée, mais elle est tacitement, aux yeux de tous, regardée comme insuffisante, et il n'y a pas, en science graphologique, tout à la fois de pires sceptiques et de meilleurs connaisseurs que les banquiers.

Légalisation des testaments au moyen des empreintes digitales. — En ce qui regarde les testaments olographes, je ne serais pas éloigné de penser que le code en consacrant leur validité, sans leur imposer d'autres conditions que leur olographie (c'est-à-dire d'être écrits en entier et signés de la main du testataire) a commis une imprudence qui a envoyé au bagne bien des présomptueux que leurs parents avaient seulement l'intention de déshériter.

sion intentionnelle à certains faits d'actualité. Cet article a été écrit il y a près de trois ans.

Comment y remédier ?

L'emploi d'un papier timbré de même millésime que la date du testament constitue une première précaution bien connue, mais bien aisée aussi à fausser.

Le fait de s'adresser son testament à soi-même, par la poste, sous pli recommandé (c'est-à-dire contre reçu donné sous les yeux du facteur) serait une garantie bien plus probante si l'administration des postes conservait indéfiniment ses archives.

Mais il y a une précaution d'une toute autre espèce, qui, à elle seule, suffirait pour garantir l'authenticité d'un écrit ; nous voulons parler de l'impression des filigranes digitaux.

Le procédé, connu depuis des siècles, a souvent été décrit. Ici même M. H. de Varigny en a donné une analyse très complète. Aussi n'en parlerons-nous que sommairement.

Appuyez légèrement la pulpe de vos doigts sur la plaque à encrer le rouleau d'un appareil lithographique ou autographique quelconque, puis reportez vos doigts ainsi noircis sur une feuille de papier blanc, vous laisserez sur cette dernière le tracé des mille petites stries capillaires formées par les hasards de l'agglomération des glandes sudoripares qui tapissent la pulpe des doigts d'un chacun.

Non seulement il est impossible de trouver deux empreintes semblables jusque dans leurs détails minuscules ; mais, à première vue, d'un sujet à un autre, ces empreintes varient grandement dans leur aspect général : les unes se déroulent comme des spirales, les autres se replient comme un ou plusieurs écheveaux symétriquement entrelacés ; enfin on en trouve parfois qui dessinent des arceaux, etc.

Aussi est-il rare d'observer chez deux individus l'ensemble des cinq empreintes de la main droite présentant respectivement, chacune à chacune, le même aspect général ; mais si, en plus d'une ressemblance d'ensemble, on s'attache à rechercher une analogie jusque dans les détails, la coïncidence devient absolument impossible à rencontrer. La simple impression du pouce sur un acte serait donc un élément d'identification plus probant qu'une légalisation officielle de signature C'est d'ailleurs, avons-nous dit, un procédé qui est vieux comme le monde. La griffe des nobles illettrés du moyen âge n'avait pas une autre origine. Le sceau, le cachet, le chaton de bague n'en sont peut-être qu'un dérivé artistique. Les Chinois et les Hindous, qui se servaient du papier et de l'écriture bien avant nous, appliquent depuis des siècles les impressions filigranées des doigts de la main à l'identification individuelle. Fr. Galton a relaté, dans une étude très complète de cette question, les quelques applications faites à diverses époques de troubles par des Européens, en Amérique notamment pendant la guerre de Sécession. Mais la principale de ces adaptations incontestablement est celle qui fut entreprise par W. Herschell dans les Indes, il y a quelque cinquante ans, en vue d'identifier les Hindous, titulaires d'une pension viagère du gouvernement anglais. Depuis, le procédé a été proposé, bien à tort d'ailleurs, comme un succédané de la classification anthropométrique, car si ces empreintes varient grandement d'un sujet à un autre, elles n'offrent qu'un nombre insuffisant de divisions assez nettement tranchées pour être facilement classées. A ce point de vue elles sont assimilables à la photographie de la figure humaine qui caractérise excellemment, comme tout le monde sait, l'individualité, mais qui n'est par elle-même que très difficilement susceptible de classification dichotomique ou trichotomique. A Paris, les empreintes digitales des personnes arrêtées pour délit de droit commun sont conservées dans les archives des greffes conjointement avec leur signalement anthropométrique et leur état civil. L'un complète l'autre, mais sans double emploi.

Il est évident que si le procédé de l'identification au moyen des empreintes digitales devait être un jour appliqué à certaines transactions commerciales, comme aux paiements à vue sur lettre circulaire de crédit, il serait facile de remplacer l'encrage des doigts au moyen de la plaque lithographique par un système analogue à celui des tampons secs à l'encre d'aniline usités pour les timbres en caoutchouc, ou par un procédé de notre invention à base de glycérine dont nous reparlerons plus loin.

Quoi qu'il en soit, étant donné que l'on ne refait pas son testament tous les jours, l'apposition des empreintes digitales à la suite de sa signature (quel que soit le procédé d'encrage auquel on s'arrête), est un moyen d'identifier une pièce à la portée de tout le monde; la falsification en semble bien difficile, et chacun en mourant en emporte avec soi le modèle qu'il conserve intact bien des mois dans la tombe!

Résumé. — Les moyens de remédier à l'habileté des faussaires ne manquent donc pas. Il n'y en aurait pas, que le devoir de l'expert de proclamer l'insuffisance de l'écriture comme preuve d'authenticité n'en subsisterait pas moins. Pallier la situation, en la cachant, serait peu honnête d'abord et inutile ensuite, dans un pays où la justice est rendue publiquement.

Nous croyons avoir mis le problème au point et sous son véritable jour en séparant la question de ressemblance graphique (ou comparaison d'écriture) de la question d'authenticité (ou vérification graphique).

La première est susceptible d'une solution numériquement graduée, qui varie en proportion que l'écriture examinée est à la fois plus caractéristique et plus stable, et que les documents à comparer sont plus étendus.

Le minimum d'étendue exigible pour l'établissement de ces deux appréciations varie inversement l'un de l'autre : si l'écriture est on ne peut plus caractéristique, quelques mots peuvent suffire pour asseoir une opinion toujours conditionnelle ; inversement, si elle l'est très peu, autrement dit, si elle se rapproche du canon le plus usuel, une opinion, soit positive, soit négative, ne pourra plus être légitimement formulée que si les deux ordres de manuscrits à comparer sont l'un et l'autre très étendus.

Quand le problème se pose spécialement sur la question d'authenticité, il n'y a plus de solution générale, car d'un côté il n'y a pas de caractères d'authenticité, et de l'autre il n'y a que de *pseudo-caractères* de forgerie. Jamais, dans aucune science, un résultat négatif n'a eu un caractère probant et affirmatif par lui-même. La question devient une affaire d'appréciation qui est plutôt de la compétence du tribunal que de celle de l'expertise.

Du coup de plume. — Nous savons bien qu'il y a le coup de plume, le fameux coup de plume, dont les experts-maîtres écrivains, à commencer par Raveneau et d'Autrèpe, font grand mystère. Certes, cet élément de différenciation, dont nous avons déjà parlé précédemment, n'est pas à négliger, surtout chez les personnes écrivant beaucoup ; mais il n'a une valeur signalétique à la fois remarquable et difficilement définissable que parce qu'il est la résultante de la combinaison de plusieurs éléments : 1° l'opposition esthétique idéale des pleins et des déliés à laquelle le scripteur s'efforce involontairement de se conformer; 2° la position du corps, de l'avant-bras, du poignet, des doigts et du porte-plume, d'où résulte en grande partie la pente de l'écriture et l'importance plus grande donnée aux pressions exercées soit par l'index, soit par le pouce; et 3° l'agilité respective de ces deux doigts, laquelle résulte en partie de la profession, etc.

Ces facteurs peuvent, soit s'ajouter en partie, soit se neutraliser, sans compter qu'ils sont susceptibles de varier pour la même personne d'un moment à l'autre, sous mille influences diverses. Tous sont d'ailleurs modifiables, soit immédiatement par simple intention, soit par l'exercice prolongé. Enfin, il est bien évident que chacun examiné séparément se rencontre avec une fréquence différente, mais qu'ils sont tous en corrélation les uns avec les autres, et qu'il en est de même pour les combinaisons qu'ils peuvent offrir entre eux. En fait, le nombre des personnes ayant un coup de plume approximativement confondable sont nombreuses, et le nombre de chaque catégorie peut être approximativement déterminé, quand ce ne serait que par l'observation du *corpus scriptorum*. Le coup de plume n'est donc qu'un élément de divergence assimilable aux formes graphiques et de même ordre; il n'acquiert une importance spéciale que parce que son imitation échappe partiellement à l'œil du faussaire peu expert et à l'influence *momentanée* de sa volonté. Quoi qu'on pense sur ce point, il faut reconnaître que si le coup de plume est souvent le caractère le plus difficile à imiter chez autrui, c'est aussi celui qu'il est le plus facile d'altérer en sa propre écriture.

De l'écriture déguisée. — Cette dernière considération nous amène à dire quelques mots sur l'écriture déguisée. Son interprétation rentre des plus aisément dans les principes précédemment posés. Si l'écriture est profondément et entièrement déguisée, telle qu'elle résulterait par exemple de l'emploi de caractères d'imprimerie, d'un dactylographe, etc., toute recherche d'identité devient impossible par hypothèse, ou du moins visiblement conjecturale. Si elle ne l'est que partiellement, autrement dit s'il reste un certain nombre de points communs, il devient possible de calculer, en prenant pour base le *corpus scriptorum*, le nombre théorique de scripteurs qu'il faudrait réunir pour avoir chance d'en rencontrer un autre présentant l'ensemble des formes graphiques communes à la pièce de question et à celle de comparaison. Ce chiffre peut parfois atteindre une valeur suffisante pour justifier en pratique l'avis que l'écrit émane de la personne soupçonnée... à moins qu'il ne soit l'œuvre d'un faussaire. Mais cette réserve doit être formulée avec d'autant plus de force, en pareil cas, que le scripteur qui a recours au déguisement ne néglige presque jamais d'altérer, en même temps, son coup de plume, en apportant un changement radical dans la position respective de son avant-bras et du papier, ainsi qu'à la qualité de la plume dont il se sert d'habitude, etc. Ainsi l'élément le plus difficile à imiter fait généralement défaut dans les écritures déguisées. Rien d'étonnant donc que ce soit à des pièces de ce genre que le faussaire, *qui veut compromettre un tiers*, ait généralement recours. Rien de plus facile à exécuter, car il ne s'agit plus ici de se conformer minutieusement à un type bien déterminé, mais de réaliser seulement l'écriture imaginaire qu'une personne peu experte *pourrait* prendre, au cas où elle voudrait déguiser son écriture, c'est-à-dire de réaliser un idéal qui n'existe nulle part, qu'aucune pièce authentique ne reproduit et pour lequel par conséquent tout tracé est recevable, du moment qu'il intercale de temps à autre une imitation plus ou moins lointaine des formes graphiques de la personne dont on veut faire croire qu'elle a déguisé son écriture. Inutile d'ailleurs de faire remarquer que toute écriture qui diffère quant au coup de plume diffère en même temps quant à l'aspect général, de sorte que le faussaire qui a recours à ce truc n'a également pas à se préoccuper de ce dernier et si important point de vue.

En résumé, s'il est souvent possible de remonter jusqu'à l'auteur possible d'un manuscrit en écriture profondément déguisée, tous les experts seront unanimes à reconnaître qu'il est parfaitement impossible d'en affirmer l'authenticité, intrinsèquement, c'est-à-dire sans faire intervenir d'autres données.

Des pièges tendus à l'expert. — Nous croyons également que cette façon d'envisager, en le scindant, le difficile problème de l'expertise graphique, écarte jusqu'à la légitimité du procédé qui consiste à tendre un piège à un expert, soi-disant pour mettre ses capacités à l'épreuve.

Qu'il y ait piège ou non, le travail matériel de rapprochement graphique reste le même, ainsi que les résultats combinatoires auxquels il conduit, à savoir : *coïncidences graphiques attribuables ou non attribuables au hasard.*

Quant à la question d'authenticité, il n'y a pas à s'étonner si l'expert s'écarte de la vérité insidieusement cachée, du moment qu'il professe, en son âme et conscience, qu'il n'appuie son jugement que sur l'interprétation de ces mêmes faits que « le monteur de coup » a falsifiés à son intention. Les conclusions basées sur des prémisses fausses doivent logiquement être entachées des mêmes erreurs que les prémisses elles-mêmes.

Un mot également sur la ruse qui consisterait à faire écrire une pièce *naturellement*, par une personne qu'on aurait choisie entre beaucoup d'autres comme ayant de nombreuses analogies graphiques avec l'individualité dont on voudrait falsifier l'écriture. — Pour peu qu'on réfléchisse à cette colle, il appert qu'elle équivaut au fond à faire commettre un faux par un inconscient à l'aide d'un moyen détourné (la sélection) et que la conclusion de la méthode numérique reste intrinsèquement juste : *coïncidences graphiques non dues au hasard.*

La réalisation d'un faux de ce genre n'est pas aussi difficile qu'elle semble tout d'abord. Il ne faut jamais perdre de vue, dans un ordre d'idées analogue, la grande ressemblance d'écriture qui existe souvent entre les membres d'une même famille.

Nous devons exempter des généralisations précédentes les cas plus fréquents qu'on ne serait tenté de le croire, où l'expertise consciencieusement conduite arrive à mettre la main sur un de ces indices qui localisent la confection d'un écrit (plumes, encre, impressions digitales, maculatures, etc.). Mais ces éléments de preuve sont plutôt du domaine de la police et de la science que de celui de l'expert qui ne dispose que des documents qu'on veut bien lui remettre, tandis qu'il appartient exclusivement à l'enquête judiciaire d'arriver jusqu'à la certitude, par la recherche patiente des mille traces matérielles que laisse toujours après elle la confection de la moindre ligne d'écriture.

Ainsi, c'est du jour où l'on perquisitionne chez l'accusé que le sort d'un procès en forgerie souvent se décide, car c'est de la perspicacité avec laquelle cette opération est conduite que dépend principalement la découverte des seules preuves réellement convaincantes qui existent pour trancher la question d'authenticité.

De quelques traces matérielles probantes. — Du fait de son rattachement administratif à la préfecture de police, on peut donc pronostiquer que l'action du laboratoire d'identification graphique, d'abord limité aux travaux de cabinet, s'étendra progressivement aux diverses opérations préparatoires de police et notamment aux perquisitions. On sait que le code d'instruction criminelle autorise la justice à se faire assister en ces circonstances par un « homme de l'art ». Or en ce genre de recherches où tout est minutie, avons-nous dit, *où l'instruction est à la recherche de l'inconnu*, la place du fonctionnaire-expert *astreint*, et, ce qui est encore meilleur, *habitué* au secret professionnel, est tout indiquée. Que d'indices passent inaperçus ! Combien sont détruits par ceux-là mêmes qui auraient mission de les recueillir !

Les personnes qui ont gardé souvenir des ingénieuses recherches de M. Forgeot savent, par exemple, que telle feuille de papier vierge de toute souillure gardera longtemps gravées sur sa surface les empreintes invisibles des filigranes des doigts qui l'ont pliée et mise sous enveloppe. Il suffit de plonger le papier ainsi maculé dans l'encre Gardot pour les voir apparaître blanches sur fond noir. Or nous avons rappelé précédemment que ces fines *arabesques* sont ce qu'il y a de plus personnel en nous et résultent des millions de hasards qui ont présidé au groupement des milliers de petites glandes sudoripares qui sécrètent, en hiver comme en été (mais surtout en été), des parcelles de liquide graisseux. Passez-vous les doigts dans les cheveux, puis touchez cette lame de rasoir fraîchement polie, la marque de vos doigts y restera bien nette; touchez maintenant le manche de ce même rasoir ou la boîte qui l'a renfermé, etc., et les mêmes dessins s'y imprimeront d'autant plus traîtreusement qu'aucune trace apparente ne vous en avertira.

Le chien, dont le flair subtil revoit en pensée l'image des choses passées, vous y reconnaîtra. Mais ce qui est encore préférable, certains réactifs découverts récemment par le service de l'identité réussissent souvent à révéler à nos yeux des impressions digitales avec tous leurs inexprimables détails, là où notre organisme visuel abandonné à ses propres forces n'aurait rien vu; le manuel opératoire en est simple et n'altère pas le document comme le lavage à l'encre Gardot recommandé par M. Forgeot : il suffit de saupoudrer le papier soupçonné avec de la mine de plomb pulvérisée (1). Une impression

(1) On obtiendrait, paraît-il, un résultat analogue en sou-

préalable des doigts, sur une feuille de papier buvard légèrement glycériné, permet d'obtenir au moyen d'un saupoudrage ultérieur des images aussi belles que celles données directement au moyen de l'encre d'imprimerie.

Reportez-vous maintenant par la pensée en face d'un faux par décalque et calculez de combien il doit être couvert d'impressions digitales invisibles dont chacune équivaut à la signature authentique de la main *qui scripsit!*

Savez-vous, en restant dans le même ordre de recherches, que l'enveloppe d'une lettre conserve indéfiniment emprisonnée dans ses mailles la partie de la correspondance qui a été directement en contact avec elle? C'est le phénomène de la *décharge* invisible, curieuse observation que le service de l'identité judiciaire croit avoir été le premier à faire et à utiliser.

Remarquez bien qu'il ne s'agit pas là des maculatures bien apparentes, comme celles laissées par une écriture encore fraîche sur le feuillet vis-à-vis, par exemple, mais d'une véritable *image latente* beaucoup plus nette, beaucoup plus complète que ces traces qui sont, dans la plupart des cas, indéchiffrables et que le moindre sentiment de propreté graphique, à défaut de prudence, fait éviter.

La décharge d'écriture est produite, croyons-nous, par les matières sucrées et gommeuses, incolores par elles-mêmes, que toutes les encres contiennent plus ou moins et qui conservent une certaine viscosité longtemps après la dessiccation apparente de l'écriture. Ainsi, pour qu'il y ait formation d'image

mettant pendant quelques minutes la feuille maculée et légèrement humectée à l'influence des vapeurs d'iode.

latente, il faut que le document tracé, même depuis plusieurs jours, se trouve en contact quelques heures durant et sous une faible pression, avec une feuille de papier, buvard ou non. L'impression qui en résulte est assimilable de tous points à un écrit tracé à l'encre sympathique et demande à être traitée de même : c'est-à-dire par la chaleur. Pour la révéler repassez donc le papier de contact avec un fer de chapelier chauffé à gaz et porté à une température telle qu'il carbonise (ou caramélise) les décharges gommeuses déposées *tout à la surface* du papier. Ces dernières apparaîtront en *roux foncé* sur le *fond blanc* du papier. La cellulose, dont chimiquement le papier est composé, exigerait en effet pour subir la même décomposition (ou roussissement) un degré de chaleur quelque peu plus élevé.

Ainsi, telle lettre cachée entre les feuillets d'un livre pour quelques heures seulement, pourra y laisser les secrets qu'elle contient pour peu que l'état hygrométrique du ciel favorise le phénomène.

L'image latente peut servir également à dévoiler sur un livre de comptabilité les grattages habilement exécutés sur la feuille vis-à-vis. Il ne suffit plus à tel escroc d'arracher, sur son carnet d'adresses, la feuille accusatrice, il faudra qu'il pense à faire disparaître de même la feuille d'une blancheur immaculée qui lui fait face, etc. (1).

(1) La carbonisation d'un document peut servir également à faire ressortir directement les caractères mêmes effacés par le grattage. L'explication du phénomène est la même que pour la décharge latente. En pareil cas, le papier le mieux encollé joue le rôle d'un filtre qui retient à la surface les matières colorantes, tandis qu'il laisse pénétrer plus profondément les acides et les gommes incolores qui échappent ainsi au grattoir. — Répétons, pour éviter toutes fausses allusions

N'est-ce pas le commencement de la réalisation de cette police idéale dont l'œil emblématique percevrait l'invisible ?

Mais, me direz-vous, pourquoi révéler ces trucs au public ? Du moment qu'ils seront connus de tous, les précautions à prendre pour les annihiler le seront aussi, et ces dernières seront aussi faciles à trouver qu'à appliquer. Ce raisonnement, qui semble si juste, est aussi erroné au point de vue social qu'au point de vue pratique, sans compter qu'il est inique.

Il ne viendra à l'idée de personne de contester que le fait de détourner la main d'un criminel, au moment de la perpétration de son crime, ne soit à la fois plus glorieux pour l'agent qui y réussit et plus avantageux pour la victime visée que le plan qui consisterait à laisser accomplir au meurtrier son forfait afin de l'en mieux convaincre après coup porté.

Or il semble vraisemblable que la grande criminalité serait plutôt atténuée qu'exaltée, du jour où un faisceau complet de petites observations analogues à celles dont nous venons de parler aurait fait pénétrer dans le public la conviction qu'échapper au châtiment est impossible, si nombreuses sont devenues les précautions à prendre pour dissimuler le moindre acte que seul un pauvre fou pourrait espérer n'en omettre aucune ! Prenons un exemple, la statistique judiciaire ne montre-t-elle pas que le nombre des empoisonnements criminels a toujours été en diminuant depuis un demi-siècle, c'est-à-dire précisément à partir de l'époque où la toxicologie est devenue une science positive ?

à des faits du jour, qu'*aucune* des hypothèses précédentes ne nous a encore conduit *de près ou de loin* à des applications judiciaires. Nous n'avons en vue ici que la *théorie*.

Mais supposons notre criminel aveuglé par la passion, — il passera outre : à truc, il opposera contre-truc. Eh bien, ceux-ci ont déjà été à leur tour l'objet de réflexions et d'études. En parler serait éterniser inutilement cet article. La pratique de chaque jour enseigne, avec le proverbe que des précautions trop multipliées trahissent encore mieux leur auteur que leur absence absolue(1).

Il est un axiome de philosophie physique qui s'adapte particulièrement bien à toutes ces investigations de police ; c'est celui qui enseigne que, dans la nature, *rien ne se perd, rien ne se crée*. De la première de ces formules, la police conclut que tout se

(1) *Psychologie du faussaire*. Tous les traités d'expertise que nous avons parcourus sont unanimes sur ce point que l'expert n'acquiert une conviction que grâce aux précautions malencontreuses prises par le faussaire. Conclusion logique : On ne saurait donc trop lui conseiller d'en prendre.

Les combinaisons les plus invraisemblables, les plus imprudentes même, peuvent être rencontrées en cet ordre de faits.

Nous détachons du Cours manuscrit de d'Autrèpe le passage suivant, qui, sous le style naïf et pompeux de l'époque, cache un état d'âme toujours observable :

« Le faussaire, aveuglé par la passion qui le domine, cherche les moyens de la satisfaire ; il raisonne, il réfléchit, mais la prudence, qui est la fille d'un esprit libre, sage et réglé, ne se retrouve point au milieu des idées tumultueuses qu'excite le vice. Son fantôme seul se présente à ce malheureux qui vainement cherche à l'asservir à ses desseins criminels. Séduit par une fausse apparence, il prend l'ombre pour le corps, la figure pour la réalité, et, conduit par cet esprit chimérique, il devient bientôt la victime des *fausses précautions* qu'il lui a suggérées. Son système dévoilé lui fait connaître, lorsqu'il n'est plus temps, que les raffinements et la prudence dans le crime ne sont que de vains artifices de l'Esprit des ténèbres qui s'évanouissent à la lumière du flambeau de la vérité. »

Ce paragraphe est le début de la 10e leçon où d'Autrèpe fait connaître et explique un procédé de contretirement perfectionné qui rappelle celui employé par les faussaires du testament La Boussinière.

retrouve, ou, plus exactement, que tout peut et doit pouvoir être retrouvé !

Cette sentence tripartite équivaut à l'axiome pédagogique : *Tout est en tout,* qui s'applique à toutes les connaissances humaines, mais à aucune mieux qu'à ce genre de recherches. Nous pourrions de même démontrer, par de nombreux exemples, que la méthode inducto-déductive au moyen d'hypothèses successivement améliorées n'est pas davantage le privilège exclusif de la science pure, mais correspond point par point au processus d'une enquête judiciaire préalable. Le moindre agent de la sûreté y a recours chaque jour, sans le savoir..., comme M. Jourdain fait de la prose. Il n'en est que plus désirable que ses chefs s'en rendent compte, et, autrement dit, soient familiarisés avec les principes de la logique inductive et déductive que nos philosophes contemporains ont si lumineusement dégagés des entraves scholastiques léguées par Bacon et Descartes.

Mais la défense de cette thèse, en dispersant l'attention, risquerait de faire oublier le but principal de cet article, qui est de *délimiter exactement ce qu'on peut* LOGIQUEMENT *demander à l'expertise en écriture.* « C'est une science *conjecturale* », aurait déclaré récemment la Cour de cassation. Sans aller peut-être aussi loin, nous estimons que les résultats en sont toujours (implicitement ou non) conditionnels. Sans ces restrictions formelles, les légères améliorations apportées par nous à l'examen graphique des manuscrits risqueraient, en inspirant une fausse sécurité, d'être beaucoup plus dangereuses qu'utiles.

Le lecteur qui aura eu la patience de nous suivre jusqu'au bout, partagera, je l'espère, l'opinion QUI A TOUJOURS ÉTÉ LA NÔTRE, à savoir que seules les traces matérielles sont susceptibles, en circonscrivant la vérité sans contestation, et en localisant de plus en plus le champ des hypothèses, d'arriver jusqu'à la certitude (1)!

(1) Le terme *hypothèse* paraît avoir été judiciairement disqualifié pour longtemps, sinon pour toujours, par l'emploi vicieux qui en a été fait l'année dernière, au cours de la déposition des trois experts de Rouen, dans le procès en revision de la veuve Duault (faussement condamnée, comme on sait, pour avoir empoisonné, avec de l'euphorbe ou des cantharides, son mari et son beau-frère, lesquels avaient été, en réalité, empoisonnés par l'oxyde de carbone émané d'un four à chaux adossé à leur habitation).

« Après tout, aurait dit l'un d'eux, la veuve Duault n'a été condamnée que sur des hypothèses. »

Expression incorrecte qui donnerait à entendre que ce n'est pas tant le savoir technique de l'expert qui a fait défaut ne cette lamentable affaire, que sa méthode investigatrice.

Celui-ci, en effet, après avoir observé et noté minutieusement l'irritation viscérale des deux victimes, n'était-il pas fondé, jusqu'à une certaine limite, en concluant à un empoisonnement, puisqu'il y avait eu réellement empoisonnement, bien qu'accidentel? L'origine philosophique de l'erreur ne résiderait même pas, à regarder les choses de haut, dans la fausse attribution à l'euphorbe ou à la cantharide des effets physiologiques observés (que ni l'une ni l'autre de ces substances ne sauraient occasionner, paraît-il), puisque personne ne saurait avoir la prétention théorique de tout savoir, ni de ne jamais se tromper. La vraie faute de méthode aurait consisté à en rester là, tandis que les règles de la méthode inductive commandaient, aussitôt posée l'hypothèse de l'empoisonnement par telle ou telle substance, d'en vérifier, *a posteriori*, toutes les conséquences indépendamment de ses prémisses.

En conséquence, l'expert croyant tenir la vérité, aurait dû laisser là ses scalpels et cornues, et aller lui-même sur les lieux de l'*auberge maudite*, chercher dans l'habitation, la cour, les tas d'ordure, les puisards, etc., les détritus d'euphorbe et de cantharides soupçonnés.

Inutile de dire qu'il n'aurait rien trouvé, mais il est très vraisemblable que ces investigations consciencieusement poursuivies l'auraient conduit jusqu'au four à chaux, le véritable empoisonneur.

La cause première de cette erreur n'est-elle pas aussi imputable, comme tant d'autres, à cette tendance de l'esprit humain à dédaigner les faits négatifs et à les transformer inconsciemment en affirmatifs?

« Je ne trouve pas de signes de forgerie... donc ce document est authentique. » « Je ne trouve pas une cause manifeste de mort... donc il y a eu empoisonnement criminel. »

Il est vrai qu'on pourrait tout aussi bien y retrouver le sophisme que Port-Royal qualifie : *illusion de l'amour-propre.*

« Cela doit être ainsi, se dit-on à soi-même, parce que si ce n'était pas ainsi, je ne serais pas l'habile homme que je suis. » Défaut de méthode et de raisonnement dont les magistrats de carrière sont garantis par l'instruction et l'entraînement professionnels, mais dans lequel un expert, à ses débuts, tombe avec d'autant plus de facilité qu'il a conscience d'avoir accompli sa tâche avec plus de soin.

Quoi qu'il en soit, le but de l'hypothèse, en police comme en science, est de conduire à des conséquences vérifiables, c'est-à-dire, de faire découvrir des faits nouveaux que l'on n'aurait pas remarqués autrement, faute d'y songer.

Certes, plus l'hypothèse se rapproche de la vérité, plus elle est fructueuse, mais une hypothèse, même fausse, conduira souvent, elle aussi, à des découvertes intéressantes, de sorte qu'il est préférable, à tous points de vue, d'en échafauder plusieurs, les saurait-on même fausses ou contradictoires (du moment que l'acte de les vérifier en leurs conséquences possibles ne saurait porter préjudice à autrui), plutôt que de piétiner sur place avec la préoccupation éthique d'éviter toute erreur. L'idéal serait de les mettre toutes à l'épreuve. Le vrai danger ne commence que de l'instant où l'on est arrivé à en découvrir une qui cadre suffisamment avec les faits pour les anticiper, car il n'est pas rare alors (à moins que l'on en ait été maintes fois instruit par l'expérience) que l'inventeur de l'hypothèse n'arrive à oublier qu'il se trouve en face d'une création de son imagination, et à croire à la réalité objective de son idée, et conséquemment à arrêter ses recherches avant d'avoir atteint la vérité vraie, masquée par la pluralité des causes.

En justice, où l'étendue de la connaissance n'est appréciée avec raison qu'autant que toute possibilité d'erreur en est exclue, il suffit à l'expert, *la période investigatrice passée,* de ne retenir que les *faits primitifs* et les conséquences ou effets ultérieurement découverts qui ressortissent à sa spécialité. Ces effets eux-mêmes ne doivent plus alors être présentés au tribunal que comme *des faits de deuxième catégorie* nous voulons dire par là qu'ils doivent être exposés en faisant abstraction (autant que le respect de la vérité le permet) des hypothèses qui auront servi à les faire découvrir. Car combien de fois n'est-il pas arrivé que des hypothèses fausses ont conduit ou auraient pu conduire à la vérité cachée et justifiable d'une autre cause?

Ainsi, le terme *hypothèse* est, par essence, une expression transitoire qui équivaut à *question* plutôt qu'à *solution* (Liard). Une idée, une explication préconçue naît dans l'imagination; aussi longtemps que sa réalité n'a pu être vérifiée, elle reste *conjecture*, pour ne devenir *hypothèse* que du jour où un moyen de contrôle, total ou partiel, lui a été trouvé et essayé.

Mais si, dès le début, ses auteurs renoncent à la vérification (c'est le cas des experts de Rouen), l'idée reste et restera éternellement une conjecture, mot mal famé dont on n'aime pas à se servir en justice. Il n'en est que plus important de veiller à ce que le même discrédit ne s'attache à la méthode des hypothèses, qui, dans l'avenir comme par le passé, continuera à servir de flambeau à toutes les investigations scientifiques ou judiciaires, parce qu'elle est inhérente à l'esprit humain, parce qu'elle est la seule qui puisse conduire à la découverte de la vérité, à travers les arcanes de l'ignorance ou de l'astuce.

Paris. — Typ. Chamerot et Renouard, 19, rue des Saints-Pères. — 35085

www.ingramcontent.com/pod-product-compliance
Ingram Content Group UK Ltd.
Pitfield, Milton Keynes, MK11 3LW, UK
UKHW022130190726
13855UKWH00003B/1096

9 782013 0735